Sandra Tinnefeld

Externe Hilfen und interne Unterstützung psychisch erkrankter Mitarbeiter im Betrieb

Sandra Tinnefeld

Externe Hilfen und interne Unterstützung psychisch erkrankter Mitarbeiter im Betrieb

2. Auflage 2024

rieder

Geschäftsführerin:
Dipl. Psych. Heidrun Rieder

Erphostr. 40, 48145 Münster
Tel.: 0251/30133, Fax 0251/30135
www.riederverlag.de

Druck: Books on Demand, Norderstedt
Umschlag: kommpliment, Münster
Satz / Layout: Rieder Verlag, Münster

ISBN 978-3-949340-34-5

Abkürzungsverzeichnis

ICD 10	=	International Statistical Classification of Diseases and Related Health Problems (ICD 11 ist in Deutschland noch nicht umgesetzt)
BEM	=	Betriebliches Eingliederungsmanagement
BTZ	=	Berufstrainingszentrum
EUTB®	=	Ergänzende unabhängige Teilhabeberatung
IFD	=	Integrationsfachdienst
LTA	=	Leistungen zur Teilhabe am Arbeitsleben
SGB	=	Sozialgesetzbuch

Inhaltsverzeichnis

1. Einleitung

Das Thema „psychische Erkrankungen“ rückt mittlerweile immer stärker in den Fokus und macht auch vor den Betrieben nicht halt. Die DAK berichtet in ihrem Gesundheitsreport 2023, dass die Anzahl der AU-Tage aufgrund von psychischen Erkrankungen wieder leicht gestiegen ist und sie somit nach Atemwegserkrankungen und Muskel-Skeletterkrankungen hinsichtlich ihrer Bedeutung an dritter Stelle liegen. In den Beratungen vor Ort oder auch Seminaren ist die drängendste Fragestellung häufig die nach einem Patentrezept für den Umgang mit psychisch erkrankten Mitarbeitern und der Suche nach konkreten Hilfen. Wir erleben hilflose Führungskräfte, ratlose Interessenvertretungen und betroffenen Mitarbeiter, die häufig das Gefühl haben, man könne ihnen sowieso nicht helfen. Erschwerend kommt hinzu, dass diese Erkrankungen immer noch Tabubesetzt sind und Betroffene sich schämen, da psychische Störungen häufig mit eigenem Versagen oder Schuld in Verbindung gebracht werden.

Dieser Leitfaden ist praxisorientiert aufgebaut und gibt einen Einblick in die Herausforderungen für die einzelnen Beteiligten sowie einen ersten Überblick über die niederschwelligen Hilfsangebote vor Ort. Zweck dieses Buches ist jedoch auch deutlich zu machen, dass es DEN psychisch erkrankten Menschen nicht gibt. Es handelt sich immer um verschiedene Persönlichkeiten, die einen sehr unterschiedlichen Umgang mit der Erkrankung pflegen. Und auch die Arbeitswelten der Einzelnen sind teilweise individuell verschieden, so dass Maßnahmen, die an einem Arbeitsplatz funktionieren, nicht unbedingt verallgemeinerbar sind.

Vor allem soll dieser Leitfaden dazu ermutigen, sich des schwierigen Themenkomplexes anzunehmen, darüber zu sprechen und alle Akteure und Betroffene darin zu bestärken, sich frühzeitig Hilfe und Unterstützung zu holen. Schweigen und das Ignorieren mag manchmal zunächst einfach sein, zu einer Lösung des Problems führt es jedoch nicht, sondern lässt es oftmals größer werden.

> *„Die reinste Form des Wahnsinns ist es, alles beim Alten zu belassen und zu hoffen, dass sich etwas ändert.“*
>
> – Albert Einstein

2. Was sind psychische Erkrankungen?

Zunächst muss man sich die Frage stellen, worüber sprechen wir denn, wenn wir über psychisch erkrankte bzw. psychisch gesunde Menschen reden. Die Weltgesundheitsorganisation (WHO) definiert Gesundheit als einen Zustand völligen körperlichen, seelischen und sozialen Wohlbefindens. Dieses Empfinden kennen die meisten jedoch nicht als Dauerzustand, auch ohne eine psychische Störung. Eine häufige, intensive und länger andauernde Normabweichung des Erlebens, der Gefühlswelt und des Verhaltens können auf eine psychische Erkrankung hinweisen. Im ICD 10, die internationale statistische Klassifikation der Krankheiten und verwandter Gesundheitsprobleme, nach der u.a. Ärzte diagnostizieren, sind Merkmale bestimmter Erkrankungen aufgelistet. Der ICD 11 ist in Deutschland noch nicht umgesetzt. Bis der neue ICD 11 übersetzt und für die Strukturen in Deutschland umgesetzt ist, greifen Ärztinnen und Ärzte auf die ICD 10-GM-Version 2022 zurück. So findet man unter dem Diagnoseschlüssel F 32 – Depressive Episode folgende Information:

> *„Bei den typischen leichten (F32.0), mittelgradigen (F32.1) oder schweren (F32.2 und F32.3) Episoden leidet der betroffene Patient unter einer gedrückten Stimmung und einer Verminderung von Antrieb und Aktivität. Die Fähigkeit zu Freude, das Interesse und die Konzentration sind vermindert. Ausgeprägte Müdigkeit kann nach jeder kleinsten Anstrengung auftreten. Der Schlaf ist meist gestört, der Appetit vermindert. Selbstwertgefühl und Selbstvertrauen sind fast immer beeinträchtigt. Sogar bei der leichten Form kommen Schuldgefühle oder Gedanken über eigene Wertlosigkeit vor. Die gedrückte Stimmung verändert sich von Tag zu Tag wenig, reagiert nicht auf Lebensumstände und kann von so genannten „somatischen“ Symptomen begleitet werden, wie Interessenverlust oder Verlust der Freude, Früherwachen, Morgentief, deutliche psychomotorische Hemmung, Agitiertheit, Appetitverlust, Gewichtsverlust und Libidoverlust. Abhängig von Anzahl und Schwere der Symptome ist eine depressive Episode als leicht, mittelgradig oder schwer zu bezeichnen.“*

Viele dieser beschriebenen Empfindungen kennen auch Menschen, die seelisch gesund sind. Die Bewältigung des Lebens ist grundsätzlich auch mit dem Durchleben verschiedener Krisen verbunden und führt auch phasenweise zu einigen der o.g. Symptome, die jedoch keiner Behandlung bedürfen. Auch gibt es Menschen mit unterschiedlichen Ausprägungen von Persönlichkeitsmerkmalen, die vielleicht die eine oder andere Eigenschaft stärker ausgeprägt haben. Doch auch das bedeutet nicht, dass diese Menschen psychisch erkrankt sind.

Doch ab wann ist denn nun jemand psychisch krank? In Unternehmen stellt sich bei langzeiterkrankten Personen ja häufig die Frage, ist das Verhalten nun Ausdruck seiner Erkrankung oder seiner Persönlichkeit? Kann er nicht oder will er nicht. Wenn man einen Rollstuhlfahrer vor einer Treppe stehen sieht, würde wohl kaum jemand denken, dass mit ein bisschen Mühe diese Treppe wohl zu erklimmen wäre. Bei Menschen mit einer psychischen Erkrankung sieht das anders aus. Eine der häufigsten Fragen in Seminaren zum Thema, ist die, woran man erkennen kann, ob derjenige wirklich krank ist oder nur vortäuscht. Es ist eben nicht offensichtlich, d.h. für uns nicht offenkundig sichtbar.

> *„Und Diagnosen sind Worte, die Psychiater erfunden haben, um diesen leidenden Menschen kompetent zu helfen. Diagnosen sind Hinweise auf die richtige Therapie. Man kann die Diagnosen also getrost vergessen, wenn man mit den Menschen zu tun hat, die unter psychischen Störungen leiden. Es gibt nämlich auch nicht den Schizophrenen, den Depressiven, den Süchtigen." (Lütz, 2009, S. 37)*

Dennoch ist die Frage nach Diagnosen für viele Personalverantwortliche im Wiedereingliederungsprozess im Unternehmen sehr wichtig, auch wenn Betroffene nicht verpflichtet sind die Ursachen ihrer Arbeitsunfähigkeit offenzulegen. Scheinbar in dem (Irr-)Glauben, die Diagnose liefert schon direkt die mögliche Maßnahme, oder daraus den Schluss zu ziehen, die Leistungsfähigkeit sei nicht mehr gegeben. Beides ist in der Regel nicht so einfach ableitbar.

Das Thema Psychische Erkrankung bzw. Störung ist nicht so greifbar und offensichtlich, wie beispielsweise körperliche Erkrankungen und Behinderungen, die dann bestenfalls auch noch sichtbar sind. Des Weiteren wird das Thema auch heute noch gesellschaftlich eher tabuisiert. Auch wenn depressive Menschen oder Menschen mit einer Angststörung ihre Erkrankung immer häufiger öffentlich machen, so bleibt es doch eher schambesetzt. Viele Betroffenen berichten, dass ihnen vielfach das Gefühl gegeben werde, entweder selbst schuld zu sein, eben zu schwächlich oder nicht lebenstauglich. Gerade bei Männern passt eine solche Erkrankung nicht zum gesellschaftlichen Rollenverständnis. Menschen mit Persönlichkeitsstörungen oder Psychosen sieht man kaum über ihre Diagnosen öffentlich sprechen. Sie fürchten ebenfalls das Stigma durch die Anderen.

Es gibt keine allgemein gültige Definition für Psychische Störungen. Zusammenfassend kann gesagt werden, dass die Grenzen fließend sind von psychisch normal, über ausgeprägte Persönlichkeitsmerkmale bis hin zu einer Diagnose. Ein gutes Beispiel dafür sind Zwangshandlungen. Fast jeder Mensch kennt die Situation, plötzlich beim Verlassen des Hauses unsicher zu sein, ob die Kaffeemaschine oder das Bügelleisen ausgeschaltet ist. Vielleicht geht man noch einmal zurück, um sich zu vergewissern und stellt dann beruhigt fest, dass alles ok ist. Eine zwangserkrankte Person legt das gleiche Verhalten an den Tag, ist aber möglicherweise nicht beruhigt, sondern muss das Ritual des Zurückgehens und Überprüfens vielleicht zehnmal durchführen und kann erst dann zur Arbeit fahren. Man kann sich vorstellen, wie zeitaufwändig dieser Zwang sein und natürlich auch Auswirkungen auf die Arbeit (Zuspätkommen) des Betroffenen haben kann. Krankhaft wird dieses Verhalten vielleicht dann, wenn der Betroffene keine Wahlfreiheit mehr hat und sehr unter diesem Verhalten zu leiden beginnt. Das gleiche Verhalten geht bei dem einen noch als Tick oder ähnliches durch, bei jemand anderem ist es jedoch schon fortgeschrittener und kann große Auswirkungen auf die einzelnen Lebensbereiche haben.

Des Weiteren kann es jeden treffen, d.h. jeder Mensch kann theoretisch erkranken. Es hängt natürlich immer auch von der individuellen Vulnerabilität (Verletzlichkeit) des Einzelnen ab, aber bestimmte Lebensereignisse können nahezu jeden Menschen auch in eine tiefe psychische Krise mit Krankheitswert stürzen. Das können auch durchaus die Auswirkungen von dauerhaft erlebten massiven psychischen Belastungen am Arbeitsplatz sein. Aber der Mensch ist eben keine Maschine, wo man relativ gut prognostizieren kann, was passiert, wenn der Knopf A gedrückt wird. Belastende Ereignisse oder auch die psychische Erkrankung selbst werden von jedem anders erlebt und verarbeitet. Jeder Mensch ist ein Individuum mit einer mehr oder weniger einzigartigen Biografie, sodass Verallgemeinerungen nicht immer ans Ziel führen. Hinter jeder Erkrankung steckt auch immer eine Persönlichkeit und das gilt es bei den auch möglichen betrieblichen Unterstützungsmöglichkeiten zu beachten.

Und seelische Erkrankungen sind nicht immer heilbar, aber auf jeden Fall behandelbar, um den Leidensdruck zu lindern.

Doch was sind psychische Erkrankungen denn nun?

> *„Ein psychisch Kranker ist ein Mensch, der bei der Lösung einer altersgemäßen Lebensaufgabe in eine Krise und Sackgasse geraten ist, weil seine Verletzbarkeit und damit sein Schutzbedürfnis und sein Bedürfnis, Nicht-Erklärbares zu erklären, für ihn zu groß und zu schmerzhaft geworden sind." (M. Bleuler 1987)*

3. Psychische Erkrankungen im Arbeitsleben – eine Herausforderung?

Wenn wir psychische Störungen als eine länger andauernde Normabweichung des Erlebens, Empfindens und des Verhaltens begreifen, dann hat diese Erkrankung natürlich auch Auswirkung auf die Arbeitsfähigkeit bzw. auch auf die Leistungsfähigkeit von Mitarbeitern. Das kann im Einzelfall auch problematisch für Kollegen, Führungskräfte und auch den Betroffenen selbst werden. Wenn in einem System ein Rädchen plötzlich nicht mehr so funktioniert wie vorher, sich querstellt oder ganz ausfällt, hat das natürlich Auswirkungen auf das Team. Aus Unsicherheit und aufgrund von Berührungsängsten werden viele Frühwarnzeichen nicht angesprochen, vielleicht Ausfälle sogar von den anderen kompensiert und ein „Mäntelchen des Schweigens" ausgebreitet. Ist dann der Betroffene längerfristig arbeitsunfähig, hört man häufig den Satz „Der war die ganze Zeit schon so komisch". Manche Anzeichen können ein Hinweis auf eine psychische Erkrankung sein, da die Grenzen jedoch fließend sind, kann es durchaus auch andere Gründe geben.

> *„Psychische Erkrankungen lassen sich gut daran erkennen, dass auf der Beziehungsebene Irritationen und Brüche auftreten. Die beruhigende Verbindlichkeit teilbarer Erfahrungen existiert nicht mehr. Die Wirklichkeit des anderen beginnt fremdartig, überspannt, verdreht und eigentümlich andersartig zu wirken. Das verbindliche Gemeinsame verkehrt sich im Umgang mit einem psychisch Erkrankten in eine befremdliche Andersartigkeit." (Dachverband Gemeindepsychiatrie, Barmer GEK 2014, S. 11)*

Egal welche Gründe ursächlich sind, beschreibbare Veränderungen eines Mitarbeiters sollten zeitnah von der zuständigen Führungskraft angesprochen werden. Zu den erlebbaren Veränderungen des Mitarbeiters können folgende Anzeichen zählen:

- Häufige kurze Zeiten der Arbeitsunfähigkeit ohne ärztliche Bescheinigung
- Unkonzentriertheit, dadurch höhere Fehlerquote
- Leistungsminderung
- Häufiges kurzes Verlassen des Arbeitsplatzes
- Dünnhäutigkeit
- Antriebslosigkeit
- Impulsivität
- Plötzliches Misstrauen gegenüber Kollegen und Vorgesetzten (vermutete Verschwörungen)

- Sozialer Rückzug, z.B. nicht mehr zusammen mit Kollegen in die Pause gehen
- Ängste und Unsicherheit u.a. auch vor bestimmten Arbeitsaufgaben
- Zwanghaftes Verhalten, starres Festhalten an Arbeitsabläufen
- Abweichungen von Routineaufgaben führen zur Aufregung
- Gedrückte Stimmung oder auffällig heiter und erregt
- Übergriffiges Verhalten
- Vernachlässigung der Körperhygiene

Alle diese Faktoren können Anzeichen für eine psychische Erkrankung sein, aber auch andere Ursachen haben. (Vgl. Riechert, Springer 2011). Wie bereits erwähnt, die Grenzen sind fließend. Dabei müssen nicht alle Anzeichen gleichzeitig auftreten, sondern es reichen einzelne Faktoren.

3.1 Aus Sicht des erkrankten Mitarbeiters

In Zeiten von Digitalisierung, sich immer schneller verändernden Arbeitsbedingungen, hoher Arbeitsverdichtung, Personalmangel und vielen anderen Risikofaktoren psychischer Fehlbelastung wird es für viele Mitarbeiter immer schwieriger, dauerhaft konstante Leistung zu erbringen. Grundsätzlich versteht man unter „psychischer Belastung" die vielfältigen Einflüsse, die am Arbeitsplatz auf den einzelnen Beschäftigten einwirken. Das muss allerdings nicht immer negativ sein, es kommt auf die jeweilige Beanspruchung, d.h. individuelle Verarbeitung des Betroffenen an, ob diese Belastungen als negativ bzw. überfordernd empfunden werden. Oder im schlimmsten Fall zu einer psychischen Störung führen können.

Doch nicht nur die Arbeitsbedingungen oder das Arbeitsklima können ursächlich sein, sondern auch andere belastende Lebensereignisse, z.B. Trennung, ein traumatisches Ereignis oder Trauer. Eine genetische Disposition, d.h. eine Veranlagung wie z.B. bei einer Depression, ist häufig bei Betroffenen erkennbar. Manchmal kann auch kein spezifischer Grund gefunden werden oder es gibt eine Kombination aus mehreren Faktoren.

Der Beginn einer psychischen Erkrankung, z.B. der Depression erfolgt zunächst schleichend. Der Mitarbeiter Herr T. bemerkt an sich, dass er in der Regel kein Interesse mehr verspürt sich mit seinen Kollegen in der Pause zu unterhalten, es wird für ihn zunehmend anstrengender Kontakt mit Kollegen und Kunden zu halten, er vernachlässigt seine Körperhygiene und bemerkt, dass ihm die Arbeit nicht mehr so leicht von der Hand geht wie früher. Die Konzentrationsfähigkeit lässt nach und er benötigt für die Erledigung seiner

Aufgaben mehr Zeit. Aufgrund verschiedener somatischer Beschwerden, wie Rücken- und Magenschmerzen, sucht er seinen Hausarzt auf, der keine körperlichen Ursachen finden kann und ihn immer mal für ein paar Tage arbeitsunfähig schreibt. Der Mitarbeiter ist hochgradig irritiert, als er von seinem Vorgesetzten sehr vorsichtig angesprochen wird, ob alles in Ordnung sei. Gleichzeitig erfolgt der Hinweis, dass seine Arbeitsleistung deutlich nachgelassen habe. Herr T. ist gekränkt, und kommt immer stärker unter Druck. Trotz seines krampfhaften verzweifelten Bemühens reicht es nicht aus. Er fühlt sich kaputt, leer und möchte einfach nur in Ruhe gelassen werden. Herr T. ist wie versteinert und erkennt sich selbst nicht mehr.

Aber selbst die Zeiten der Arbeitsunfähigkeit bieten ihm nicht die Ruhe und Entspannung, denn seine Partnerin und seine Freunde möchten ihn aktivieren und ihn raus holen aus seiner Höhle. Häufig wird er frühmorgens panisch wach und kann nicht mehr weiterschlafen. Das Wissen nicht genügend leistungsfähig für den nächsten Arbeitstag und wieder der Kritik seines Vorgesetzten ausgesetzt zu sein, obwohl jeder Tag eine enorme Kraftanstrengung bedeutet, wiegt schwer. Bei seinem nächsten Hausarztbesuch spricht dieser ihn vorsichtig auf die Diagnose „Depression" an. Herr T. ist verzweifelt, er ist doch nicht verrückt.

So oder so ähnlich können skizzenhaft Leidenswege von Menschen aussehen, die z.B. an einer Depression erkrankt sind. Aus Sicht des Betroffenen passiert etwas mit ihm, dass er nicht einordnen kann bzw. so auch noch nicht gekannt hat. Seine Welt ist verrückt und somit aus den Fugen geraten. Er ist durcheinander und versteht seinen Zustand nicht. Die Rückmeldungen der Anderen möchte er nicht hören, denn das anzunehmen hieße, es stimmt mit ihm etwas nicht.

Ein Betroffener beschreibt es folgendermaßen:

> *„Denn „gesunde" nicht betroffene Menschen konnten meinen Gedankengängen noch nicht einmal im Ansatz folgen. Wie sollten sie auch? Ich hätte mir früher doch selbst niemals vorstellen können, was psychisch erkrankte Menschen tatsächlich durchstehen müssen. Diese Gespräche zeigten mir auf unerbittliche Art und Weise, wie sehr mich meine Ängste verändert hatten. Meine Angstwelt war für andere eine fremde Welt: Nicht vorstellbar, irrational und völlig befremdlich! Man sprach nicht nur in unterschiedlichen Sprachen, sondern hatte auch völlig verschiedene Wertesysteme. Was ich schnell bemerkte: Dieser Austausch brachte keinem was! Für mich saß der Stachel aber noch tiefer, da ich mit meinen Empfindungen alleine*

dastand, isoliert und missverstanden. Der mir gegenüberstehende Rest war sich aber mehrheitlich einig und durfte sich bestätigt wissen, jedenfalls kam es mir so vor." (Albustin 2017, S. 67)

Unter dieser Anspannung ist es den meisten Menschen verständlicherweise nicht möglich noch völlig perfekt am Arbeitsplatz zu funktionieren.

3.2 Aus Sicht der Führungskraft

Grundsätzlich gelten für Unternehmen auch die Unfallverhütungsvorschrift (BG-Vorschrift)-Grundsätze der Prävention. Die Pflicht des Unternehmers bzw. heruntergebrochen auf die jeweilige Führungskraft ist die Überprüfung, ob Mitarbeiter u.a. gesundheitlich in der Lage sind, die Tätigkeit auch auszuüben. Dort heißt es

Befähigung für Tätigkeiten

(1) Bei der Übertragung von Aufgaben auf Versicherte hat der Unternehmer je nach Art der Tätigkeiten zu berücksichtigen, ob die Versicherten befähigt sind, die für die Sicherheit und den Gesundheitsschutz bei der Aufgabenerfüllung zu beachtenden Bestimmungen und Maßnahmen einzuhalten.

(2) Der Unternehmer darf Versicherte, die erkennbar nicht in der Lage sind, eine Arbeit ohne Gefahr für sich oder andere auszuführen, mit dieser Arbeit nicht beschäftigen. (§ 7 Unfallverhütungsvorschrift, Grundsätze der Prävention, BG Vorschrift)

Führungskräfte sind eben nicht nur für den fachlich Einsatz, die Verteilung der Arbeitsaufgaben und deren Einhaltung und Erreichung zuständig, sondern sind auch für die soziale Gestaltung der Beziehungen verantwortlich und haben eine Fürsorgepflicht. Dabei stehen sie häufig in einem Spannungsverhältnis zwischen der Verantwortung für Arbeitsergebnisse und dem Erreichen von Zielvorgaben gegenüber der nächsten Hierarchiestufe und der Weitergabe dieses Druckes in die unteren Hierarchiestufen. Dabei bleibt die Fürsorgepflicht, nämlich die Mitarbeiter und ihren psychische und physische Gesundheit im Zusammenspiel mit der Arbeitsaufgabe zu sehen, häufig zweitrangig.

Unstrittig stehen auch Führungskräfte unter teilweise enormen Druck, aber sie sind für die Mitarbeiter verantwortlich, nicht umgekehrt. Die Sandwichposition ist auch für die jeweilige Führungskraft ein stetiger Balanceakt, um nicht selbst zerrieben zu werden. Die Kunst ist, dennoch einen Führungsstil zu pflegen, der respektvoll, wertschätzend und von Klarheit geprägt ist.

Wenn man als Vorgesetzter für den Personaleinsatz zuständig ist und auch die Zielvorgaben erreichen will bzw. muss, stellt jeder erkrankte Mitarbeiter eine besondere Schwierigkeit dar, denn es muss zeitnah Ersatz gefunden werden. Häufige Kurzzeiterkrankungen von Mitarbeitern bringen aber nicht nur die Einsatzpläne durcheinander, sondern führen häufig auch zu Unmut in den Teams oder bei den direkten Kollegen. Gerade in Zeiten des stetigen Personalmangels in vielen Branchen steigt der Druck für die einzelnen Mitarbeitenden und natürlich auch für die Führungskräfte.

Die andere Seite der Medaille ist der psychisch erkrankte Mitarbeiter, der vielleicht erste Symptome aufweist, aber selbst noch keine Krankheitseinsicht hat. Wahrnehmbar sind vielleicht ein Leistungseinbruch, Leistungsschwankungen, vernachlässigtes Äußeres oder Veränderungen im Sozialverhalten. Häufig ist dieser Prozess sehr schleichend. Wichtig zu beachten ist, die genannten Auffälligkeiten können immer auch andere Ursachen haben und stehen nicht zwingend für den Beginn einer psychischen Erkrankung.

Dabei ist es Aufgabe der Führungskraft diese Auffälligkeiten anzusprechen. Im Rahmen eines wertschätzenden Gesprächs können die merkbaren Veränderungen konkret angesprochen werden, ohne in das Reich der Spekulationen abzudriften. Der Vorgesetzte kann deutlich machen, welches konkrete Verhalten sich verändert hat, bzw. welche Leistungseinbußen oder auch fehlerhafte Arbeit sichtbar und messbar sind. „Ich erlebe sie seit 3 Wochen häufig unkonzentriert, an 10 Tagen im letzten Monat haben Sie sich jeweils um eine halbe Stunde verspätet, und sie ziehen sich sehr zurück, verbringen die Mittagspause plötzlich alleine. Gibt es Schwierigkeiten am Arbeitsplatz, benötigen Sie Unterstützung?“

Klarheit ist in diesen Situationen sehr wichtig. Dazu zählt auch, dass dem betroffenen Mitarbeiter Konsequenzen deutlich gemacht werden bzw. darauf hingewiesen wird, dass sich sein Leistungsverhalten negativ auf betriebliche Abläufe auswirkt und sich auf jeden Fall wieder verändern muss. Dabei jedoch auch Unterstützung anbieten und deutlich machen, dass man diese belastende Situation des Mitarbeiters wahrnimmt. „Ich sehe Sie sind sehr belastet, vielleicht hilft es Ihnen, wenn Sie diesen Druck mal loswerden können. Das ist manchmal ja bereits ein sehr entlastender Schritt.“ So kann auf verschiedene niederschwellige regionale Beratungsangebote (siehe auch Kapite 5), die eigene Sozialberatung oder auch auf EAP (Employee Assistant Programm) hingewiesen werden. Mittlerweile bedienen sich immer mehr Unternehmen dieser Dienste, die es Mitarbeitern ermöglicht relativ schnell ein Gespräch mit einem Psychologen oder Sozialarbeiter zu erhalten.

Diese externe Dienstleistung zahlt zwar der Arbeitgeber, er erhält aber keinen Einblick in die Inhalte der Gespräche.

Zu einem Gespräch der Führungskraft mit dem Mitarbeiter zählt jedoch **nicht** die Stellung einer Diagnose oder auch Feststellung einer Behandlungsbedürftigkeit. Dagegen kann man dem Betroffenen jedoch signalisieren, dass man sich Sorgen macht und auch überprüfen, ob es sich möglicherweise auch um eine Überlastung handelt und darauf auch zu reagieren.

> *„Dabei geht es immer wieder um Veränderungen, die unerklärlich sind, stutzig machen, Sorgen bereiten, sich störend auswirken usw., als möglichen Ausdruck einer Fehlbelastung oder beginnenden psychischen Störung in Betracht zu ziehen und dies zu kommunizieren. Es geht nicht darum, die Diagnose einer psychischen Störung zu stellen oder Menschen gar als psychisch gestört abzustempeln." (Nitsch-Kirsch, S.76, 2013)*

In der Regel sind Veränderungen im Sozialverhalten, Leistungsvermögen, Arbeitsverhalten und in der äußeren Erscheinung bereits frühzeitig wahrnehmbar. Dieses gilt es präzise und konkret beschreibend rück zu melden.

Viele Führungskräfte gehen jedoch aus einer falschverstandenen Unterstützung sehr tief in die Materie, führen überlange Gespräche und psychologisieren gerne. Hier ist Abgrenzung und Distanz für den Vorgesetzten gefragt. Wichtig ist über eine eigene Rollenklarheit zu verfügen, d.h. was zählt zu meinen Aufgaben und was nicht. Was kann ich abgeben und an wen? Man muss sich nicht die komplette und detaillierte Leidensgeschichte des Mitarbeitenden mit seiner pflegebedürftigen Mutter und dem demenzkranken Vater anhören, sondern Ziel wäre, zu überlegen, an welcher Stelle dem Mitarbeiter eventuell Unterstützung gegeben werden kann. Was könnte ihn entlasten? Kann man z.B. einen späteren Arbeitsbeginn vereinbaren, damit der Mitarbeiter morgens aufgrund der häuslichen Pflegesituation nicht schon völlig gestresst zur Arbeit kommt. Manchmal können bereits kleine Veränderungen, sofern sie betrieblich machbar sind, schon eine enorme Wirkung zeigen.

> Gerade bei psychischen Erkrankungen ist es angeraten, frühzeitig das Gespräch zu suchen. Da diese Prozesse sich häufig schleichend entwickeln, warten viele betrieblich verantwortliche Akteure aus Unsicherheit, Mitleid oder auch aus Angst vor der Konfrontation sehr lange, meistens zu lange, bis zu einem klärenden Gespräch. Häufig folgt dann schnell eine Eskalation der Lage. In der Regel ist dann bei allen beteiligten Kollegen, Kunden und Vorgesetzten schon die Geduld, das Mitleid aufgebraucht und der Ärger groß.

Möglicherweise ist auch das problematische Verhalten des Mitarbeiters mittlerweile gar nicht mehr im Unternehmen tragbar. Dann ist viel Porzellan zerbrochen und nur noch wenig Verständnis für den Betroffenen vorhanden. Erfahrungsgemäß sind die Fronten dann so verhärtet, dass kein Bleiben bzw. keine Rückkehr mehr möglich oder gewollt ist.

Aber auch wenn die Führungskraft frühzeitig das Gespräch sucht, bedeutet das nicht, dass diese immer erfolgreich verlaufen. Aber die Chancen stehen ungleich höher, dass eine frühzeitige Ansprache und das Hinzuziehen von externer Unterstützung (siehe Kapitel 5 und 6) hilft eine Eskalation zu verhindern.

Trotz aller Wertschätzung muss klar sein, dass der Mitarbeiter die Verantwortung für sich und sein Verhalten und sein Handeln trägt. Kann er dies nicht mehr, so ist er mit hoher Wahrscheinlichkeit nicht mehr arbeitsfähig.

Auch plumpe Vertrautheit, nach dem Motto, ich weiß wie du dich fühlst, ist im Gespräch mit Betroffenen fehl am Platz. Auch gut gemeinte Ratschläge, mach doch mal etwas Schönes oder nimm dir ein paar Tage Urlaub, das wird schon wieder, sollte man im Dialog unterlassen. Denn wenn es sich wirklich um eine psychische Erkrankung handelt, dann greifen solche Maßnahmen in der Regel nicht mehr. Denn genau dort liegen ja die Probleme, z.B. bei einer depressiven Störung oder einer Angsterkrankung. Die betroffene Person ist nicht in der Lage irgendwas zu unternehmen oder auch nur aus dem Bett aufzustehen. Folglich sollten nicht-Betroffene sich zurückhalten mit klugen Ermutigungen. Die Welt des Betroffenen und seine Wahrnehmung, u.a. auch seiner eigenen Situation, können sich gravierend unterscheiden von der der Anderen.

Die Führungskraft ist in der Regel auch involviert, wenn ein psychisch erkrankter Mitarbeiter nach langer Arbeitsunfähigkeit zurück in das Unternehmen kommt. Im Rahmen des BEM-Prozesses (§ 167 Abs. 2 SGB IX) wird nach Erreichen der Kriterien (> 6 Wochen AU-Zeit am Stück oder in Addition) Kontakt aufgenommen, um gemeinsam nach Lösungen zu suchen. Das Angebot eines Betrieblichen Eingliederungsmanagements ist für den Mitarbeitenden freiwillig, d.h. er kann es auch ablehnen. Für die Führungskraft können folgende Fragestellungen im BEM-Prozess oder auch schon im Vorfeld hilfreich sein:

- **Gibt es betriebliche Ursachen? Auch wenn keine betrieblichen Gründe vorliegen, muss trotzdem ein BEM durchgeführt werden!**
- **Was gibt es für die Rückkehr an den Arbeitsplatz für Bedenken, Unsicherheiten oder offene Fragen?**

Hierbei kann man gezielt mit dem Mitarbeiter ins Gespräch kommen und auch ohne über konkrete Diagnosen zu sprechen, gemeinsam überlegen, wie die Rückkehr an den Arbeitsplatz gestaltet werden kann. Hier kann nicht nur der Betroffene über seine momentane Leistungsfähigkeit und seine möglichen Einschränkungen sprechen, auch die Führungskraft kann deutlich machen, wo sie z.B. im Rahmen einer stufenweisen Wiedereingliederung Stolpersteine sieht. Im gemeinsamen Gespräch kann dann nach machbaren Umsetzungsmöglichkeiten geschaut werden.

- **Wie möchte der Betroffene zurückkommen? Was dürfen die Kollegen über Ihre Erkrankung wissen? Wie sollen die Kollegen mit dem Rückkehrer umgehen? Dürfen sie Fragen stellen?**

Viele psychisch erkrankte Mitarbeiter und auch das Helfersystem im Betrieb schauen sich vor Rückkehr in den Betrieb den Arbeitsplatz an oder besprechen, welche Tätigkeiten möglich sind und welche vielleicht vermieden werden müssen. Die Wenigsten denken jedoch darüber nach, wie praktisch der erste Tag aussehen kann, wenn ein Mitarbeiter nach einer längeren Arbeitsunfähigkeit von 5 Monaten zurück in den Betrieb findet.

Es ist Montag und ein fehlendes Teammitglied kehrt zurück. Es ist doch natürlich, dass die Kollegen Interesse haben und sich freuen, dass derjenige wieder an Bord ist. „Wie geht´s Dir denn? Was hast du denn gehabt? Ach Du warst im Krankenhaus? In welchem denn?" Fragen über Fragen auf die Betroffene vorbereitet sein sollten.

Es kann Aufgabe der Führungskraft sein, dies im Vorfeld mit dem Betroffenen zu besprechen und anschließend mit Zustimmung des Betroffenen die Kollegen zu informieren. Die wenigsten Menschen möchten im Unternehmen offenbaren, dass sie ein paar Wochen in der Psychiatrie waren. Für viele Unwissende immer noch eine Art Irrenanstalt. Die Führungskraft könnte nach Rücksprache mit dem betroffenen Kollegen das Team darüber informieren, dass z.B. eine stufenweise Wiedereingliederung angedacht ist, der Kollege sich freut, aber keine Fragen zu seinem Gesundheitszustand wünscht. Somit kann jeder mitteilen: „Schön, dass Du wieder da bist!" und fertig. Grundsätzlich müssen Fragen nach privaten Gewohnheiten und nach dem Gesundheitszustand nicht beantwortet werden und ein vorsichtiger Umgang mit der Offenlegung im betrieblichen Kontext ist anzuraten. In der Praxis hat es sich jedoch häufig bewährt auch betriebliche Unterstützung in Anspruch zu nehmen.

3.3 Aus der Sicht des BEM-Beraters

Da die Umsetzung des § 167 Abs. 2 SGB IX individuell im Rahmen eines ganzheitlichen Konzepts zum betrieblichen Gesundheitsmanagement erfolgen sollte, gibt es viele unterschiedliche Modelle, wie das betriebliche Eingliederungsmanagement (BEM) im Unternehmen gelebt wird. Dazu zählt auch, wer maßgeblich die Verantwortung für den einzelnen BEM-Prozess trägt bzw. wer den roten Faden in der Hand hält. Viele Unternehmen sind mittlerweile dazu übergegangen sogenannte BEM-Berater oder auch Eingliederungsberater für diese Arbeitgeberpflicht zu installieren, die sich um die Begleitung des Einzelfalles kümmern.

Um betroffene Mitarbeiter nicht in zu großen BEM-Gesprächsrunden zu laden, hat es sich in vielen Betrieben bewährt, dass der sogenannte BEM-Berater zunächst die Gespräche, evtl. mit Unterstützung der Interessenvertretung, führt. Der BEM-Berater holt dann bei Bedarf zu den nächsten Gesprächen die entsprechenden Entscheidungsträger bzw. interne oder externe Experten hinzu. Gerade wenn es um die Umsetzung verschiedener Maßnahmen bzw. Lösungsansätze geht, wird meistens die jeweilige Führungskraft und/oder Vertreter der Personalabteilung dazu gebeten.

Dieses Vorgehen hat den Vorteil, dass eine Terminvereinbarung relativ unkompliziert erfolgen kann und weniger Personalkapazität gebunden wird. Des Weiteren kann eine viel vertrauensvollere Atmosphäre hergestellt werden, die gerade für Menschen mit einer psychischen Erkrankung von enormer Bedeutung ist. Der BEM-Berater ist flexibler in seiner Rollenausgestaltung und kann bei Bedarf auch den Betroffenen gegebenenfalls zuhause oder im Krankenhaus aufsuchen, wenn der Mitarbeiter damit einverstanden ist. Denn Sinn des Betrieblichen Eingliederungsmanagements ist es ja, frühzeitig nach 6 Wochen Unterstützung anzubieten und nicht erst, wenn der Betroffene in das Unternehmen zurückkehrt. Letzteres entspricht eher einem Krankenrückkehrgespräch und nicht dem Ansatz eines betrieblichen Eingliederungsmanagements. Viele BEM-Prozesse sind auch bereits nach einem Gespräch bzw. Kontakt erledigt, sodass die Einberufung großer Runden dann auch nicht besonders effektiv ist.

Auch für den BEM-Berater stellt es teilweise eine besondere Herausforderung dar, einen psychisch erkrankten Mitarbeiter im Rahmen des BEM Prozesses zu begleiten.

Wie bereits erwähnt ist die Teilnahme am BEM für Betroffene freiwillig und es muss auch keine Diagnose genannt werden. Wenn jedoch in erster Linie somatische, also körperliche Beschwerden, wie z.B. Rückenschmerzen benannt werden, in Wahrheit aber psychische Probleme zugrunde liegen, arbeitet der BEM-Berater in eine völlig falsche Richtung. Viele Gespräche, in denen der betroffene Mitarbeiter sich nicht in die Karten gucken lässt, führen auch den Eingliederungsberater in die Irre. Der Mitarbeitende hat aus seiner Sicht wahrscheinlich gute Gründe, sich nicht zu offenbaren. Er nutzt aber möglicherweise auch nicht die Chance, mögliche Veränderungen herbeizuführen. Sobald die Erkrankung oder Behinderung sichtbare bzw. spürbare Veränderungen auf sein Verhalten oder seine Leistungsfähigkeit hat, macht es Sinn dies zu kommunizieren. Denn wahrnehmbar und häufig irritierend ist es für das Umfeld sowieso.

Wenn ein Mitarbeiter aufgrund eines Waschzwanges sehr oft den Arbeitsplatz verlässt, um die Toilette aufzusuchen, dann führt das zu Getuschel und Unmut bei den Kollegen. Häufig wird unterstellt, derjenige verschaffe sich zusätzliche Pausen. Aus Sicht der Kollegen erscheint es so, wenn der Mitarbeiter vielleicht auch noch wortkarg ist und sich sowieso sehr zurückgezogen hat. Für die Kollegen ist das Verhalten nicht zu erklären, also unterstellen sie das für sie naheliegenste. Möglicherweise äußern sie es sogar verbal. Der Mitarbeiter wiederum fühlt sich unter Druck, missverstanden und gerät möglicherweise in eine weitere Abwärtsspirale. Das könnte vermieden werden, wenn der betroffene Mitarbeiter im vertraulichen Gespräch mit dem BEM-Berater über Strategien nachdenkt und offen über seine Einschränkung redet. Denn die Auswirkungen spüren die anderen auf jeden Fall, wie sie das dann interpretieren kann man möglicherweise durch Aufklärung noch beeinflussen. Natürlich ist dies kein einfacher Schritt.

Der BEM-Berater muss eine sehr empathische und verständnisvolle Grundhaltung für seine Tätigkeit besitzen. Im Umgang mit erkrankten Mitarbeitern braucht er das nötige Fingerspitzengefühl, um sie zu bestärken oder auch zu begrenzen.

Beratung heißt für den BEM Berater dem Beschäftigten aufzuzeigen, welche Wege er gehen könnte und mit ihm gemeinsam Ideen zu entwickeln. Das bedeutet nicht fertige Lösungen zu präsentieren, denn die Verantwortung bleibt beim Beschäftigten. Er ist auch derjenige, der den erarbeiteten Lösungsweg gehen und mit den Ergebnissen bzw. Konsequenzen leben muss.

Zu den Aufgaben eines BEM-Beraters zählen:

- Steuerung + Begleitung des Einzelfalls
- Persönlicher Ansprechpartner des Betroffenen
- Vermittler / Ansprechpartner aller Beteiligten
- Sammlung von Informationen
- Dokumentation
- Überwachung des Eingliederungsplan
- Kontaktaufnahme zu internen und externen Institutionen
- Informationen über mögliche externe Leistungen
- Umgestaltung des Arbeitsplatzes
- Erarbeitung von möglichen Vorschlägen zur Eingliederung

Dabei entscheidet der BEM-Berater in der Regel nicht alleine, sondern immer nur mit Zustimmung des Betroffenen und in direkter Abstimmung mit dem Arbeitgeber bzw. der Führungskraft und der Interessenvertretung.

3.4 Aus Sicht der Interessenvertretung

Das Thema psychisch erkrankte Mitarbeiter im Betrieb ist auch für Betriebs- und Personalräte, sowie für die Vertrauenspersonen der schwerbehinderten Mitarbeiter ein aktuelles und teilweise herausforderndes Thema. Viele Interessenvertreter haben das Gefühl, dass es in ihrem Unternehmen eine nicht unerhebliche Anzahl von Mitarbeitern mit seelischen Erkrankungen gibt, offiziell wird aber im Betrieb darüber nicht gesprochen. Und obwohl Pflicht des Arbeitgebers (§ 5 Arbeitsschutzgesetz), werden die psychischen Belastungen, im Rahmen einer Gefährdungsbeurteilung, nur selten ermittelt.

Die Beurteilung der Arbeitsbedingungen gerade in diesem Bereich birgt jedoch auch die Chance, durch kleine Veränderungen am Arbeitsplatz eine Verbesserung für die Mitarbeiter zu erreichen. Doch was ist die Rolle der Interessenvertretung? Die Aufgaben des Betriebsrates sind im § 80 des Betriebsverfassungsgesetztes geregelt. Dort heißt es in Satz 4 „die Eingliederung schwerbehinderter Menschen einschließlich der Förderung des Abschlusses von Inklusionsvereinbarungen nach § 166 des Neunten Buches Sozialgesetzbuch und sonstiger besonders schutzbedürftiger Personen zu fördern". Psychisch erkrankte Mitarbeiter können unstrittig als besonders schutzbedürftig gelten. Viele Betriebsräte berichten, dass sie in ihrer Beratungspraxis mit psychisch erkrankten Menschen schnell an ihre Grenzen kommen. Sie sind verunsichert, weil sie nicht wissen, wie ein richtiger Umgang aussieht und oft erschüttert und auch überfordert mit der Offenheit, wie diese über ihre Erkrankung berichten.

Häufigste Frage von Betriebsräten ist „Was darf ich ansprechen? Und wie?". Es herrscht häufig die Angst, dass man mit Aussagen zur Suizidalität konfrontiert würde. Menschen mit einer psychischen Erkrankung benötigen einen fairen und respektvollen Umgang, wie andere Menschen auch. Der Betriebsrat kann im BEM Prozess unterstützend wirken oder auch, falls noch keine BEM-Kriterien erfüllt sind, für den Betroffenen als Gesprächspartner zur Verfügung stehen. Sollte bereits eine Schwerbehinderung vorliegen, übernimmt in der Regel die Vertrauensperson der schwerbehinderten Menschen im Betrieb die regelmäßige Begleitung. In einigen Fällen hat jedoch nicht nur der erkrankte Mitarbeiter Gesprächsbedarf, sondern auch die unmittelbaren Kollegen.

Manchmal gibt es Beschwerden, da der Betroffene in seiner Leistungsfähigkeit gemindert ist oder auch auffällige Verhaltensweisen an den Tag legt, die zu einer Belastung für das Umfeld werden. Der Interessenvertreter steht dann in einem Spannungsverhältnis, welches er häufig für sich nicht lösen kann. Es kann vorteilhaft sein, diese Angelegenheit im Gremium (anonym?) zu besprechen und die Aufgaben zu verteilen, damit der Rollenkonflikt gemindert werden kann. Auffälliges Verhalten der Mitarbeiter, das Ausspielen von Interessenvertretern gegeneinander oder ähnliches sollte offen mit der Person angesprochen werden. Eine ehrliche Rückmeldung und das transparent machen von Abläufen und Entscheidungen ist zwar unangenehmer für den Berater, aber erfolgversprechender und vor allem authentischer.

Interessenvertreter können sich stark machen und für die Aufgabe vorbereiten, in dem sie sich fundiertes Wissen aneignen, z.B. durch entsprechende Seminare und im Unternehmen das Thema psychische Belastung regelmäßig auf die Tagesordnung bringen. Dabei kann der Fokus auch auf die Frage, was hält unsere Mitarbeitende gesund, gelegt werden. Welche gesundheitsfördernden Maßnahmen dienen der Erhaltung und Förderung der Gesundheit und führen auch zu einer Steigerung der Motivation und Mitarbeiterbindung. In Zeiten des Fachkräftemangels stellt dies einen immer wichtigeren Schwerpunkt dar. Dabei macht die Digitalisierung auch vor dem Betrieblichen Gesundheitsmanagement (BGM) nicht halt. Vor allem sogenannte E-Health-Lösungen sind populär. Damit sind mehr oder weniger alle digitalen Technologien gemeint, die sich mit dem Thema Gesundheit beschäftigen.

3.5 Aus Sicht des Betriebsarztes

Der Betriebsarzt spielt eine wichtige Rolle, wenn es um den Schutz und die Gesundheit der Mitarbeitenden im Unternehmen geht. Seine Hauptaufgabe besteht darin, die Gesundheit der Arbeitnehmer zu überwachen und sicherzustellen, dass alle arbeitsmedizinischen Standards eingehalten werden.

Zu den Aufgaben des Betriebsarztes zählen u.a. die Durchführung von regelmäßigen Vorsorgeuntersuchungen, um eventuelle gesundheitliche Risiken frühzeitig zu erkennen. Dies richtet sich nach den spezifischen Anforderungen des jeweiligen Arbeitsumfeldes. Ergänzend kann der Betriebsarzt auch verschiedene Prophylaxemaßnahmen durchführen, um die Gesundheit der Mitarbeitenden zu stärken. Berufsbedingte Erkrankungen und Arbeitsunfälle fallen ebenso in seinem Bereich. In Zusammenarbeit mit der Arbeitssicherheit untersucht er Unfallursachen und hilft bei entsprechenden Analysen. Neben der direkten Arbeit mit den Beschäftigten spielt der Betriebsarzt auch eine wichtige Rolle in der Zusammenarbeit mit dem Arbeitgeber. Er berät in allen Fragen zum Arbeitsschutz und zur Arbeitsmedizin und unterstützt bei der Verbesserung der Arbeitsbedingungen und der Entwicklung von Präventionsmaßnahmen. Somit kann der Betriebsarzt auch eine zentrale Rolle im BEM eines Unternehmens einnehmen.

Der Betriebsarzt kann seine medizinische Expertise und die jeweiligen Kenntnisse über den Arbeitsplatz in den BEM-Prozess miteinbringen und eine erfolgreiche Wiedereingliederung unterstützen. So kann vor allem seine Bewertung der Arbeitsbedingungen und der Anforderungen Hinweise darauf geben, ob Anpassungen am Arbeitsplatz erforderlich sind, um den betroffenen Mitarbeiter entsprechend zu unterstützen. Es macht daher häufig Sinn, den Betriebsarzt im Rahmen des BEM zu beteiligen.

4. Psychische Erkrankung im BEM

Das betriebliche Eingliederungsmanagement ist eine gesetzliche Verpflichtung des Arbeitgebers und ist im **§ 167 Abs. 2 SGB IX** verankert. Dort heißt es:

(2) Sind Beschäftigte innerhalb eines Jahres länger als sechs Wochen ununterbrochen oder wiederholt arbeitsunfähig, klärt der Arbeitgeber mit der zuständigen Interessenvertretung im Sinne des § 176, bei schwerbehinderten Menschen außerdem mit der Schwerbehindertenvertretung, mit Zustimmung und Beteiligung der betroffenen Person die Möglichkeiten, wie die Arbeitsunfähigkeit möglichst überwunden werden und mit welchen Leistungen oder Hilfen erneuter Arbeitsunfähigkeit vorgebeugt und der Arbeitsplatz erhalten werden kann (betriebliches Eingliederungsmanagement). Beschäftigte können zusätzlich eine Vertrauensperson eigener Wahl hinzuziehen. Soweit erforderlich, wird der Werks- oder Betriebsarzt hinzugezogen. Die betroffene Person oder ihr gesetzlicher Vertreter ist zuvor auf die Ziele des betrieblichen Eingliederungsmanagements sowie auf Art und Umfang der hierfür erhobenen und verwendeten Daten hinzuweisen. Kommen Leistungen zur Teilhabe oder begleitende Hilfen im Arbeitsleben in Betracht, werden vom Arbeitgeber die Rehabilitationsträger oder bei schwerbehinderten Beschäftigten das Integrationsamt hinzugezogen. Diese wirken darauf hin, dass die erforderlichen Leistungen oder Hilfen unverzüglich beantragt und innerhalb der Frist des § 14 Absatz 2 Satz 2 erbracht werden. Die zuständige Interessenvertretung im Sinne des § 176, bei schwerbehinderten Menschen außerdem die Schwerbehindertenvertretung, können die Klärung verlangen. Sie wachen darüber, dass der Arbeitgeber die ihm nach dieser Vorschrift obliegenden Verpflichtungen erfüllt.

Somit ist jedem Beschäftigten, der die 6 Wochen Frist am Stück oder in Addition erreicht hat ein sogenanntes betriebliches Eingliederungsmanagement anzubieten. Eine Pflicht des Arbeitgebers, für den betroffenen Mitarbeiter jedoch freiwillig. Trotz der Freiwilligkeit bedeutet dieses Angebot des Arbeitgebers in der Regel emotionalen Stress bei Beschäftigten. Für psychisch angeschlagene oder erkrankte Personen, die in der Regel über eine verletzlichere Seite verfügen, gleicht das BEM einer Bedrohung. Viele Mitarbeiter fühlen sich kontrolliert bzw. hegen die Vermutung, dass Ihre Arbeitsunfähigkeit angezweifelt wird. Dabei soll das Betriebliche Eingliederungsmanagement das alles nicht sein. Ziel ist es frühzeitig gemeinsam mit den Betroffenen nach geeigneten Lösungswegen zu schauen, um nicht unnötige Zeit ins Land ziehen zu lassen. Es gilt relativ zeitnah zu analysieren, ob es betriebliche Ursachen gibt, die beseitigt werden oder ob anderer Hilfestellungen gegeben werden können.

4.1 Ablauf eines BEM-Prozesses

Wie bereits oben erwähnt ist das BEM im § 167 Abs. 2 SGB IX geregelt. Die im Paragrafen genannten Kriterien lassen jedoch noch genügend Spielraum, wie dieser Prozess in Unternehmen eingeführt, umgesetzt und gelebt werden soll. Das BEM ist immer als eine Art Maßanzug zu verstehen, die betrieblichen Gegebenheiten vor Ort und auch Veränderungen im Laufe der Zeit müssen berücksichtigt werden. Das BEM zählt neben der Arbeitssicherheit und der betrieblichen Gesundheitsförderung zum Betrieblichen Gesundheitsmanagement (BGM).

Vor der eigentlichen Implementierung steht immer die umfassende Öffentlichkeitsarbeit, um die Mitarbeiter über diesen neuen Prozess zu informieren. Das BEM kann nur dann gelingen, wenn die Beschäftigten diesem System Vertrauen entgegenbringen. Das Thematisieren von Arbeitsunfähigkeitszeiten löst bei den meisten Beschäftigten zunächst Unbehagen und innerlichen Widerstand aus. Diese Grundhaltung ist für einen effektiven Prozess des Betrieblichen Eingliederungsmanagements jedoch nicht wünschenswert bzw. förderlich. Zunächst werden in der Regel von der Personalabteilung regelmäßig, mindestens einmal monatlich die Arbeitsunfähigkeitstage ausgewertet, über die Ziele des BEM informiert und evtl. direkt auch ein Betriebliches Eingliederungsmanagement angeboten.

> *„Der Wortlaut des § 167 Abs. 2 Satz 1 SGB IX weist unstreitig darauf hin, dass das BEM nur mit Zustimmung des Arbeitnehmers durchgeführt werden kann. Dieses Prinzip der Freiwilligkeit ist gekoppelt mit Aufklärungspflichten des Arbeitgebers, um so den Arbeitnehmer in die Lage zu versetzen, seine Entscheidung über die Durchführung eines BEM auf eine fundierte Grundlage zu stellen. Der Arbeitgeber, den die Initiative für die Durchführung des BEM trifft, hat daher nach dem Wortlaut des § 167 Abs. 2 Satz 3 SGB IX den betroffenen Beschäftigten vor Abfrage, ob ein BEM gewünscht wird, konkret über die Ziele des BEM aufzuklären.“ (Klaesberg in BEM von A bis Z, 2018, S. 199).*

Sollte der betroffene Mitarbeiter einem BEM nicht zustimmen oder gemeinsam mit dem Arbeitgeber (oder einem BEM-Berater falls vorhanden) zu der Ansicht gelangen, dass ein BEM nicht notwendig ist, kommt lediglich ein Hinweis (Ablehnungs- oder Beendigungserklärung) darauf in die Personalakte. Details wie z.B. Diagnosen oder ähnliches haben darin grundsätzlich nichts zu suchen. Willigt der betroffene Mitarbeiter jedoch ein und stimmt nach vorheriger umfassender Aufklärung einem BEM zu, kann zunächst in einem persönlichen Gespräch über mögliche (betriebliche) Gründe der Arbeitsunfähigkeitszeiten gesprochen werden. An dieser Stelle sei erneut darauf hingewiesen, dass der Mitarbeiter nichts über seine Diagnosen berichten muss, das auch der weitere Prozess immer freiwillig ist und vom Mitarbeiter jederzeit beendet werden kann. Die Corona-Pandemie hat gezeigt, dass auch BEM-Gespräche telefonisch oder per Videokonferenz geführt werden können. Es bringt häufig eine Zeitersparnis für alle Beteiligten und wenn sich alle darauf einlassen, ist trotzdem eine vertrauensvolle Atmosphäre möglich.

In welcher Besetzung die BEM-Gespräche geführt werden, hängt von dem individuellen BEM-Prozess und Verlauf im Unternehmen ab. Es gibt Unternehmen, in denen sind die Vorgesetzten oder die Personalreferenten verantwortlich. Aus Autorensicht ist diese Variante aufgrund der Doppelrolle der Führungskräfte nicht empfehlenswert, da sie auch für disziplinarische Maßnahmen zuständig sind. Es mag aber Betriebe geben in denen diese Art des BEM funktioniert, Ausnahmen bestätigen die Regel. Einige Unternehmen setzen sogenannte Eingliederungsberater oder BEM-Berater ein, die aus den eigenen Reihen stammen und mit bestimmten Stundenanteilen dann im BEM tätig sind, oder es werden externe Casemanager eingesetzt. An den BEM-Prozessen sollten, wo vorhanden, auch die Personal- und Betriebsräte und bei schwerbehinderten auch die Vertrauensperson für schwerbehinderte Menschen im Betrieb involviert sein. Das bedeutet jedoch nicht, dass sie zwingend bei jedem Gespräch dabei sein müssen.

4.2 Das Gespräch und der Umgang mit psychisch erkrankten Mitarbeitern im BEM

Grundsätzlich wird in vielen Unternehmen davon berichtet, dass psychische Störungen bei Mitarbeitern im Rahmen des BEM als eine besondere Herausforderung, manchmal sogar Schwierigkeit angesehen werden. Das hat vielfältige Gründe. Zunächst einmal ist der Umgang mit dieser Art der Erkrankungen gesellschaftlich immer noch tabuisiert, d.h. der Betroffene pflegt in der Regel keinen offenen Umgang, im Betrieb sind die BEM-Verantwortlichen bei Offenlegung häufig sehr verunsichert und es gibt starke Berührungsängste. Die erkrankten Mitarbeiter fürchten eine Stigmatisierung und dass Ihnen nichts mehr zugetraut wird.

Ein Mitarbeiter mit einer Angsterkrankung wird nicht offenlegen wollen, dass ihn u.a. Außentermine und PKW-Fahrten derart stressen, dass es zu regelmäßigen Panikattacken kommt. Für BEM-Verantwortliche bedeuten solche Aussagen schnell, derjenige ist nicht mehr zuverlässig einsetzbar. Das kann so sein, muss aber nicht. In Unternehmen, wo jeder verständlicherweise auch funktionieren muss, ist häufig wenig Verständnis für die Auswirkungen von psychisch erkrankten Mitarbeitern vorhanden. Die Antriebslosigkeit von Menschen mit Depressionen, die es morgens nicht schaffen aufzustehen, ist für gesunde Menschen schwer nachzuvollziehen. Ein „Reißen Sie sich mal zusammen" liegt da schnell auf den Lippen.

Psychische Erkrankungen sind auch deshalb etwas Besonderes im Rahmen des BEM, weil sie eben nicht mit technischen Arbeitshilfen behoben sind, sondern es bedarf häufig anderer individuellerer Maßnahmen, um diesen Betroffenen gerecht zu werden. Umso wichtiger ist es, die BEM-Berater, Führungskräfte und Interessenvertreter für dieses Thema zu sensibilisieren. Wie für alle Gespräche gilt auch und gerade für das BEM-Gespräch ein offener und respektvoller Umgang.

Häufig vernachlässigt, aus Autorensicht jedoch wichtig zu Beginn des Gesprächs, ist die eigene Vorstellung. Wer bin ich und was sind die Aufgaben des BEM-Beraters bzw. desjenigen, der den BEM-Prozess begleitet zeigt?

Eine gute Beratung bedeutet einem Menschen aufzuzeigen, welche Wege er gehen könnte, ihn bei der Ideenfindung zu unterstützen und gemeinsam mit ihm tragbare und realistische Lösungen zu entwickeln. Es bedeutet nicht, schon fertige Lösungen zu präsentieren. Diesen Anspruch sollten die Beteiligten auch nicht haben.

Nach einem Einstieg mit smalltalk, um eine angenehme Atmosphäre zu schaffen, geht es zunächst darum Vertrauen aufzubauen. Die ist erst einmal Aufgabe desjenigen, der das Gespräch führt. Einige Leser werden jetzt den Kopf schütteln und einwenden, dass die Gespräche nicht in einer Wellness Oase geführt werden und es schließlich nicht um reines Wohlfühlen gehen sollte. Das stimmt. Doch auch wenn wir uns im betrieblichen Rahmen bewegen, behält doch eines seine Gültigkeit: es ist schwierig sachliche Aspekte zu klären, wenn die Beziehungsebene nicht stimmt. Aus diesem Grund macht eine wertschätzende Haltung und ein sich Mühe geben, durchaus Sinn. Gerade bei Menschen mit einer psychischen Erkrankung. Und es geht um ein heikles Thema im Betrieb, nämlich die Gesundheit bzw. die Krankentage des Mitarbeitenden, da braucht es Vertrauen.

Grundsätzlich sollte zu Beginn eines Gespräches kurz über die Rahmenbedingungen informiert werden, d.h. der Gesprächsführer informiert die Beteiligten über die Dauer des Gesprächs, über den Umgang der Mitschrift und auch über mögliche Störungen. „Je transparenter das BEM-Verfahren für den Betroffenen ist, desto einfacher wird es für ihn, es zu verstehen. Je höher seine Eigenbeteiligung eingefordert wird, desto besser kann er den Datenschutz selbst mitverfolgen." (Althoff/Klaesberg 2023, S.56) Wenn Telefonanrufe angenommen werden müssen, dann sollte das im Vorfeld thematisiert werden. Das Gegenüber fühlt sich wertschätzender behandelt, als wenn der BEM-Berater plötzlich einfach während eines Gespräches einen Anruf entgegen nimmt.

Wie bereits erwähnt sind gerade psychisch erkrankte Menschen misstrauisch und haben gerade im betrieblichen Kontext, zum Teil auch zu Recht und nachvollziehbar, große Bedenken, wenn es um das Thema ihrer eigenen Arbeitsunfähigkeitszeiten geht. Gerade auch aus diesem Grund muss das Gespräch im Rahmen des betrieblichen Eingliederungsmanagements besonders empathisch geführt werden. Auch wenn das im betrieblichen Alltag häufig schwierig ist, so zahlt es sich aus Sicht der Autoren langfristig durchaus aus.

Damit Menschen Vertrauen haben können, benötigen sie den Austausch in einem (persönlichen) Gespräch, somit jemanden der ihnen zunächst zuhört. In der Praxis erlebt die Autorin es immer wieder, wie erleichtert Mitarbeiter aus einem BEM- Gespräch hinausgehen, ohne dass es extremer Hilfestellungen oder Maßnahmen bedurft hätte. Viele Menschen sind einfach nur zufrieden, dass es jemanden gibt, der ihnen zuhört und sie ernst nimmt. Jemand der Verlässlichkeit, Klarheit und Verbindlichkeit signalisiert.

Damit Vertrauen entstehen kann, zählt natürlich die persönliche Beziehung, für deren Aufbau zunächst derjenige zuständig ist, der für das BEM verantwortlich ist. Der Mitarbeiter muss aber auch genügend Wissen und Informationen über den BEM-Prozess besitzen, um entsprechend teilnehmen und sich einlassen zu können. Eine umfassende Aufklärung inklusive der Handhabung des Datenschutzes und dem Umgang mit personenbezogenen Daten, muss in jedem Fall vor (!) Beginn des BEM Prozesses erfolgen. Dennoch kann zu Beginn des ersten Gespräches noch mal gefragt werden, ob noch Fragen bzw. Unklarheiten bezüglich des BEM vorhanden sind. Haben sich bei dem Mitarbeiter Fragen ergeben, die noch zu klären sind? Wenn sich der Berater Notizen machen möchte, sollte das auch mit dem Gegenüber kommuniziert werden. Warum macht sich der Berater Notizen, was notiert er und vor allem, was passiert mit diesen Daten. Weniger ist in diesem Zusammenhang häufig mehr. Der Mitarbeiter muss das Gefühl haben, dass er und sein Problem gut aufgehoben sind. Das gelingt nicht immer, hängt auch von vielen anderen Faktoren ab, die der BEM-Berater nicht beeinflussen kann, sollte aber trotzdem zunächst einmal das erklärte Ziel sein. Nach der Warm up Phase geht es zunächst darum, das Problem zu erkennen und zu klären, was Inhalt des Termins sein wird. Im BEM-Gespräch geht es nun darum, die Anzahl der

Arbeitsunfähigkeitszeiten zu thematisieren. Es empfiehlt sich, eine konkrete Auflistung der AU-Tage dabei zu haben. Hier ist es häufig ein natürlicher Reflex der Beschäftigten, sich sofort zu verteidigen und nachdrücklich deutlich zu machen, dass sie wirklich erkrankt waren. Oder aber sie negieren die Fakten und können nicht glauben, dass es diese Anzahl an AU-Tagen gab. Hat man diese Auflistung, kann man diese noch mal gemeinsam ansehen und dem Mitarbeiter dies auch visualisieren. Nun gilt es deutlich zu machen, dass man im betrieblichen Rahmen gemeinsam schauen möchte, Lösungen zu finden, die AU-Zeiten zu reduzieren und zu überlegen, welche Hilfen unterstützen könnten. Dazu kann zunächst die Frage gestellt werden, ob im betrieblichen Umfeld etwas verbessert werden kann bzw. ob betriebliche Ursachen vorliegen. Unabhängig davon, dass es immer mal Mitarbeiter gibt, die bei dieser Nachfrage eher unverschämte Anmerkungen machen, haben viele Betroffene gute eigene Ideen, welche Möglichkeiten unterstützend sein könnten. Diese Phase des Gesprächs dreht sich noch nicht darum, konkrete Lösungen zu erarbeiten, sondern immer noch zu sondieren und die Lage des Mitarbeiters aus verschiedenen Blickwinkeln zu betrachten.

> *„Erfahrungsgemäß sind Probleme vielschichtiger als auf den ersten Blick zu erkennen. Es ist davon auszugehen, dass die erste Problemschilderung des Klienten, bewusst oder unbewusst, nicht die ganze Wahrheit enthält. Eigene (Schuld-)Anteile am Problem bleiben zunächst eher verdeckt und ablenkende Erklärungen (Schuldzuweisungen, verzerrte Situationsdarstellung) werden zur Selbstentlastung angeboten. Oder die Schilderung beginnt auf einem „Nebenschauplatz", der vom eigentlichen Problem ablenken soll,..." (Peter Waltner, 2016).*

Wir erinnern uns, dass Mitarbeiter im betrieblichen Kontext über ihre Arbeitsunfähigkeit sprechen sollen, natürlich müssen sie keine Diagnose nennen, dennoch übt dieses Hilfsangebot BEM häufig auch Druck aus. Es führt dann auch dazu, dass Mitarbeiter nicht konstruktiv an diesem Prozess teilnehmen. Um dies zu verhindern, ist eine vertrauensvolle Basis nötig und die schafft der BEM-Berater nur, wenn er sich entsprechend Zeit nimmt. Da die Art der Erkrankung ja nicht genannt werden muss, kann der BEM-Berater zunächst den Mitarbeiter nach seiner Einschätzung fragen, d.h. wo aus seiner Sicht die Ursachen für die Arbeitsunfähigkeitszeiten zu sehen sind. Also wie bereits erwähnt, gibt es betriebliche Ursachen, dazu zählen nicht nur die Arbeitsbedingungen, sondern auch die Kollegen, der Vorgesetzte und das Betriebsklima. Oder sind private Probleme, Unfall beim Sport oder eine chronische Erkrankung eher ursächlich.

An dieser Stelle sei betont, dass man als Mitarbeiter immer abwägen muss, wie sehr man dem BEM-Prozess und den Umgang mit Daten vertraut. Gerade beim Thema psychische Erkrankung macht es manchmal Sinn, bestimmte Aspekte offenzulegen, gerade wenn sie für andere sichtbar und erlebbar sind und zu Irritationen führen. Manchmal ist es jedoch auch gut und richtig, nicht zu sehr ins Detail zu gehen. Eine Beratung, z.B. durch den **Integrationsfachdienst** (siehe Kapitel 5.5) kann bei der Entscheidungsfindung unterstützend wirken.

Durch die ausführliche Thematisierung der Arbeitsunfähigkeitszeiten und den möglichen Ursachen kommt man im Gespräch zwangsläufig auch zu möglichen Lösungsansätzen, die verschiedener Natur sein können (siehe Kapitel 5). Manchmal hilft es einem depressiv erkrankten Mitarbeiter bereits, dass er seinen Arbeitsbeginn später antreten kann, um so besser mit seinem Morgentief umgehen zu können bzw. die Müdigkeit durch die entsprechende Medikation zu kompensieren. In der Regel können die BEM-Akteure Umsetzungen von erdachten Maßnahmen nicht sofort beschließen, sondern diese müssen noch mit Anderen, z.B. Vorgesetzten oder der Personalabteilung und/ oder der Interessenvertretung, durchgesprochen werden. Im Gespräch geht es nun darum, dem Betroffenen den weiteren Prozess zu erläutern und zu klären, wer für welche Aktion zuständig ist. Dabei hat es sich bewährt, Maßnahmebögen auszufüllen, in denen konkret festgehalten wird, wer zuständig ist und innerhalb welcher Frist die Erledigung bzw. Klärung zu erfolgen hat.

Der BEM-Berater tut gut daran, in der Abschlussphase des Gespräches sich noch einmal durch gezielte Fragestellungen und Zusammenfassung des Gesprächs zu vergewissern, ob der Mitarbeiter alles verstanden hat und diesen Weg auch so gehen möchte. Nichts ist frustrierender für einen Berater, als im weiterlaufenden BEM-Prozess plötzlich mit Widerständen des Mitarbeiters konfrontiert zu sein und letztlich zu keiner befriedigenden Lösung zu kommen.

Gerade im BEM erleben Berater es häufig, dass Mitarbeiter nicht offen über ihre wahren Absichten und Motive berichten. Oder im BEM-Gespräch dem Berater vertrauensvoll über ihre Rückenbeschwerden berichten und dann über mögliche Abhilfe beraten, in Wahrheit liegt aber den Arbeitsunfähigkeitszeiten eine psychische Erkrankung zugrunde. Solche Verstrickungen passieren in der Regel dort, wo Mitarbeiter im Betrieb das Gefühl haben, sie müssten einem BEM zustimmen, sie vertrauen diesem Instrument jedoch nicht. Immer wieder wird im Zusammenhang mit dem Betrieblichen Eingliederungsmanagement von einer sogenannten Mitwirkungspflicht des betroffenen Mitarbeiters berichtet. Viele Unternehmen formulieren dies auch in ihren Anschreiben bzw. Einverständniserklärungen. Das BEM ist grundsätzlich für den Mitarbeiter freiwillig. Er ist jederzeit Herr des Verfahrens! Somit kann man auch im Zusammenhang mit BEM nicht von einer Pflicht zur Mitwirkung sprechen. Es ist jedoch klar, dass ein BEM-Prozess keinen Sinn macht, wenn der Mitarbeiter sich nicht äußert und alle Lösungswege und Möglichkeiten blockiert.

Im Beratungsgespräch können folgenden Fragestellungen hilfreich sein:

- Was traut sich der Betroffene momentan zu? Bei welchen Aufgaben gibt es Unsicherheiten? Gibt es Aufgaben, die nicht mehr erledigt werden können?
- Welche Ziele hat der Mitarbeiter bezüglich des Arbeitsplatzes?
- Welche Wünsche/Gegebenheiten gibt es in der jeweiligen Abteilung?
- Welche Veränderungen hält die Umgebung für zwingend, z.B. bei auffälligem Verhalten?
- Benötigt der Mitarbeitende noch Informationen über fachliche oder organisatorische Veränderungen?
- Welche Hilfsmittel können unterstützend sein? Gibt es entsprechende Kostenträger?
- Auf welche externen Hilfsangebote kann verwiesen werden?

Um das Vertrauen von Beschäftigten in den BEM-Prozess grundsätzlich zu stärken, hat der Gesetzgeber im Rahmen des Teilhabestärkungsgesetzes noch einen entscheidenden Satz in den § 167 Abs. 2 eingefügt. Seit Juni 2021 gilt, dass Betroffene „zusätzlich eine Vertrauensperson eigener Wahl hinzuziehen“ können. Also neben der Beteiligung der Interessenvertretung können Mitarbeitende noch Unterstützung aus dem nahen Umfeld, z.B. durch Familienmitglieder, Freunde, Kollegen oder auch Ärzte, Therapeuten oder auch eines Anwaltes mitbringen. Sollten Kosten entstehen, trägt diese der Betroffene. Durch diesen Zusatz sollen mehr Beschäftigte ermutigt werden, sich auf einen BEM-Prozess einzulassen. Der Arbeitgeber muss in seinem Einladungsschreiben auf diese Möglichkeit hinweisen. Dies könnte gerade für psychisch erkrankte Menschen, die sich alleine nicht stabil genug für solche Gespräche fühlen, eine große Unterstützung sein.

5. Maßnahmen und Unterstützung für betroffene Mitarbeiter

Wenn man von einer psychischen Erkrankung betroffen ist, hat das tiefgreifenden Einfluss auf alle Lebensbereiche und natürlich wirkt es sich auch auf das Arbeitsleben aus. Die eigene Arbeitsleistung ist eventuell eingeschränkt, viele Zeiten der Arbeitsunfähigkeit treten ein und irgendwann möglicherweise eine längere Krankheitsphase, manchmal auch ein stationärer Aufenthalt. Die Menschen fühlen sich fremd, können sich nicht mehr auf sich selbst und ihre Fähigkeiten verlassen. Die Welt ist aus den Fugen geraten. Die Sorge um den eigenen Arbeitsplatz wächst. Neben fachärztlicher Behandlung und einer therapeutischen Begleitung, die in vielen Bundesländern erst nach erheblichen Wartezeiten nutzbar ist, können regionale niederschwellige Beratungsstellen eine erste Anlaufstelle sein.

Niederschwelliger Zugang bedeutet, dass Betroffene ohne großen Aufwand diese Hilfe nutzen können. Es ist keine Überweisung oder Krankenkassenkarte notwendig. Diese Angebote sind in der Regel nicht nur für Betroffene, sondern auch für Angehörige nutzbar. Diese Beratungsstellen und ihre verschiedenen Angebote sind vielen Menschen nicht bekannt. Aber auch durch die Rehabilitationsträger und die Integrationsämter sind Hilfe und Unterstützung zu erwarten. Die einzelnen Anlaufstellen bzw. Angebote werden im Folgenden dargestellt.

5.1 Der psychisch Erkrankte und die Eigenschaft als schwerbehinderter Mensch

Es wurde mehrfach in diesem Buch thematisiert, dass psychische Erkrankungen auch heute noch tabuisiert werden und die wenigsten Menschen mit dieser Art der Erkrankung offen umgehen. Sie werden immer noch nicht mit körperlichen Erkrankungen gleichgesetzt, es hängt ihnen fortwährend ein sehr negatives Image an, häufig mit dem Etikett „selbst schuld". In der öffentlichen Wahrnehmung wird der Begriff Behinderung häufig nur mit sichtbaren Einschränkungen, wie z.B. Sinnesbeeinträchtigungen gleichgesetzt.

Im § 2 Abs 1 SGB IX heißt es jedoch:

(1) Menschen mit Behinderungen sind Menschen, die körperliche,seelische, geistige oder Sinnesbeeinträchtigungen haben, die sie in Wechselwirkung mit einstellungs- und umweltbedingten Barrieren an der gleichberechtigten Teilhabe an der Gesellschaft mit hoher Wahrscheinlichkeit länger als

sechs Monate hindern können. Eine Beeinträchtigung nach Satz 1 liegt vor, wenn der Körper- und Gesundheitszustand von dem für das Lebensalter typischen Zustand abweicht. Menschen sind von Behinderung bedroht, wenn eine Beeinträchtigung nach Satz 1 zu erwarten ist.

Seelische Beeinträchtigung wird hier explizit genannt. Des Weiteren gibt es auch immer Menschen, die sich zwar mit dem Thema **„Schwerbehindertenausweis"** auseinandersetzen, sich aber dann dagegen entscheiden. Auf jeden Fall eine Materie, über die Betroffene nachdenken sollten. Viele Nachteilsausgleiche, Hilfen z.B. seitens des Integrationsamtesamtes und der besondere Kündigungsschutz, werden nur gleichgestellten oder schwerbehinderten Menschen gewährt. Die Begriffsbestimmungen dazu finden sich auch in:

§ 2 Abs. 2 und 3 SGB IX

(2) Menschen sind im Sinne des Teils 3 schwerbehindert, wenn bei Ihnen ein Grad der Behinderung von wenigstens 50 vorliegt und sie ihren Wohnsitz, ihren gewöhnlichen Aufenthalt oder ihre Beschäftigung auf einem Arbeitsplatz im Sinne des § 156 rechtmäßig im Geltungsbereich dieses Gesetzbuches haben.

(3) Schwerbehinderten Menschen gleichgestellt werden sollen Menschen mit Behinderung mit einem Grad der Behinderung von weniger als 50, aber wenigstens 30, bei denen die übrigen Voraussetzungen des Absatzes 2 vorliegen, wenn sie infolge ihrer Behinderung ohne die Gleichstellung einen geeigneten Arbeitsplatz im Sinne des § 156 nicht erlangen oder behalten können (gleichgestellte behinderte Menschen).

Die Vertrauensperson für schwerbehinderte Menschen im Betrieb informiert und unterstützt zu diesem umfassenden Themenkomplex. Weitere Informationen findet man unter www.bih.de, der Homepage der Bundesarbeitsgemeinschaft der Integrationsämter und Hauptfürsorgestellen. Über diesen Weg gelangt man auch zu dem jeweils zuständigen Integrationsamt.

5.2 Niederschwellige regionale Beratungsstellen

Es gibt vor Ort viele verschiedene Anlaufstellen, die Menschen mit psychischen Problemen und deren Angehörige unterstützen. Häufig sind sie Betroffenen nicht bekannt. Über das Portal der Deutschen Arbeitsgemeinschaft für Jugend- und Eheberatung e.V. (www.dajeb.de) sind verschiedene Arten von Beratungsstellen zu den jeweiligen Orten oder der genauen Postleitzahl aufzufinden.

5.2.1 Der Sozialpsychiatrische Dienst

Die Sozialpsychiatrischen Dienste (SPDi) sind Teil des öffentlichen Gesundheitsdienstes und als solches bei den einzelnen Kreisen und kreisfreien Städten angesiedelt. In der Regel findet man sie über die örtlichen Gesundheitsämter. Die gesetzliche Grundlage findet sich im Gesetz über Hilfen und Schutzmaßnahmen bei psychischen Erkrankungen (PsychKG), welches in den Bundesländern teilweise unterschiedlich ausgelegt wird. Ihre Aufgabe besteht darin, Menschen mit psychischen Problemen und Abhängigkeitserkrankte zu unterstützen und zu helfen. Beraten werden können auch Angehörige oder Personen aus dem direkten Umfeld.

Auch Vorgesetzte oder Kollegen können sich an den Sozialpsychitatrischen Dienst wenden, z.B. wenn sie sich Sorgen machen weil ein depressiv erkrankter Mitarbeiter nicht zur Arbeit erscheint und sich auch nicht mehr arbeitsunfähig meldet. Der SPDi macht auch aufsuchende Beratung, d.h. versucht dann mit den Betroffenen Kontakt aufzunehmen und Hilfe anzubieten. Gerade auch wenn psychisch erkrankte Menschen sich nicht mehr alleine versorgen können. Sie versuchen auch einzuschätzen, ob Eigen- oder Fremdgefährdung vorliegt. Der Betroffene muss die angebotene Hilfe jedoch nicht annehmen.

5.2.2 Das Sozialpsychiatrische Zentrum

Die Sozialpsychiatrischen Zentren (SPZ) sind bundesweit bei verschiedenen Trägern, z.B. Vereinen oder Wohlfahrtsverbänden angesiedelt. Es handelt sich dabei um soziale Einrichtungen für Menschen mit einer psychischen Erkrankung und deren Angehörige, die für ihre Teilhabe am Leben in der Gemeinschaft professionelle Hilfe und Unterstützung benötigen.

Im Rheinland in Nordrhein-Westfalen bieten diese SPZ auch eine niederschwellige Beratung für Menschen mit psychischen Problemen an. Ein zeitnaher Gesprächstermin ist in der Regel möglich. Diese Art der Beratung ist keine Therapie, sondern dient der Information über die Erkrankung, als erste Entlastung und Krisenintervention, der Weitervermittlung in adäquate Hilfsangebote und bietet eine psychosoziale Kurzzeitberatung, um die Zeit zum Therapiebeginn zu überbrücken. So können Menschen mit seelischen Problemen relativ zeitnah eine Beratung erhalten, wenn sie denn wollen. Da die SPZ bei verschiedenen Trägern und nicht einheitlich organisiert sind, empfiehlt es sich über eine Suchmaschine nach dem Stichwort „Sozialpsychiatrisches Zentrum“ und dem jeweiligen Ort zu suchen.

5.2.3 Ehe-, Familien- und Lebensberatungsstellen

Die Ehe-Familien- und Lebensberatungsstellen sind bundesweit aufgestellt und in der Regel in Trägerschaft der evangelischen oder katholischen Kirche, aber für jeden offen, unabhängig von seiner Konfession. In diesen Beratungsstellen geht es um Klärung von Lebensfragen und auch Krisen, Probleme in der Partnerschaft, Erziehungsfragen oder Gewalt in der Ehe. Die Berater unterstützen die Hilfesuchenden dabei einen geeigneten Weg aus der Krise zu finden und begleiten bei der Findung und Umsetzung von individuellen Lösungsstrategien.

5.2.4 Selbsthilfe-Kontaktstellen und Selbsthilfegruppen

Der Besuch einer Selbsthilfegruppe und der Austausch mit anderen kann für psychisch erkrankte Menschen eine große Hilfe sein. Bundesweit sind ca. 300 Selbsthilfe-Kontaktstellen tätig, die mit ihrem Beratungsangebot auch für seelisch erkrankte oder Menschen in Lebenskrisen zuständig sind.

Selbsthilfegruppen sind ein Zusammenschluss von Menschen, die von einem gemeinsamen Problem oder Erkrankung betroffen sind und sich in der Regel ohne eine professionelle Anleitung austauschen. Sie treffen sich in regelmäßigen Abständen, um sich aktiv mit ihrer Erkrankung oder sozialen Problematik auseinander zu setzen, voneinander zu lernen, neue Strategien einzuüben oder sich einfach mal nur die Probleme von der Seele zu reden. Gerade für Menschen mit seelischen Problemen oder deren Angehörigen kann es mitunter sehr entlastend sein, zu sehen, dass man mit seiner schwierigen Lebenssituation nicht alleine ist. Dass es andere Betroffene gibt, die genauso verzweifelt sind, die mit ähnlichen Schwierigkeiten am Arbeitsplatz zu kämpfen haben, oder die über ihre Erfahrung in Therapie reden möchten. Auch für Angehörige von psychisch erkrankten Menschen ist der Austausch mit anderen Angehörigen wichtig. Zu sehen, dass auch andere sich im

Spannungsverhältnis zwischen Sorge, Fürsorge und auch Aggression befinden, kann einfach nur guttun und manchmal auch dazu beitragen, die eigene Haltung zu verändern und neue Muster einzuüben.

Gerade bei Angehörigen ist das Thema Schuld und Selbstfürsorge ein zentrales und wiederkehrendes Thema. Die Teilnahme an einer Selbsthilfegruppe ist kein Ersatz für eine medizinische oder therapeutische Behandlung, kann aber ergänzend durchaus stabilisierend wirken. Sie ist auch nicht für jeden sinnvoll und richtig, ausprobieren sollte man es allemal. Selbsthilfe aktiviert dazu den Umgang mit der eigenen Erkrankung neuzugestalten, sich den veränderten Realitäten zu stellen und im Zusammenschluss mit anderen Betroffenen die eigene Lebenssituation im Rahmen der Möglichkeiten zu verbessern. In Selbsthilfegruppen findet man die Experten in der jeweiligen Erkrankung mit viel Erfahrungswissen, wovon jeder einzelne profitieren kann.

Um die richtige Selbsthilfegruppe in der Region zu finden, kann man sich an die Selbsthilfe-Kontaktstellen in der jeweiligen Region wenden. Diese niederschwelligen Beratungsstellen vermitteln Betroffene in die geeignete Gruppe, unterstützen bei der Gründung einer neuen Gruppe, verweisen an alternative Beratungs- und Unterstützungsstellen und sind gut vernetzt. Auch bei seltenen Erkrankungen können häufig Kontakte sogar überregional hergestellt werden.

Weitere Informationen und Kontaktdaten von Selbsthilfe-Kontaktstellen und Selbsthilfegruppen sind zu finden unter:

www.selbsthilfenetz.de (für Nordrhein-Westfalen)

www.nakos.de (bundesweit)

5.3 Leistungen der Rehabilitationsträger

Viele Menschen mit einer psychischen Erkrankung wissen nicht, dass es über die Rehabilitationsträger und auch die Integrationsämter einige Leistungen gibt, die beantragt werden können und zur Stabilisierung und zur Sicherung der eigenen Arbeits- bzw. Erwerbsfähigkeit beitragen können. Eine Grundlage dafür lässt sich im SGB IX unter § 3 Abs. 1 finden, dort heißt es:

(1) Die Rehabilitationsträger und die Integrationsämter wirken bei der Aufklärung, Beratung, Auskunft und Ausführung von Leistungen im Sinne des Ersten Buches sowie im Rahmen der Zusammenarbeit mit den Arbeitgebern nach § 167 darauf hin, dass der Eintritt einer Behinderung einschließlich einer chronischen Krankheit vermieden wird.

Dass die Arbeitgeber hier auch noch einmal explizit benannt werden, macht deutlich, was im betrieblichen Alltag immer wieder zu beobachten ist. Nur im Zusammenspiel zwischen betroffenem Mitarbeiter, einem offenen Arbeitgeber und der Gewährung von Unterstützungsleistungen durch die Rehabilitationsträger und Integrationsämter lassen sich gute, tragfähige und nachhaltige Lösungen finden. Im Folgenden sollen einzelnen Leistungen kurz erläutert werden, ohne den Anspruch auf Vollständigkeit zu erheben.

5.3.1 Medizinische Rehabilitation

Der Begriff der Rehabilitation bedeutet „Wiederherstellen", d.h. wenn Menschen erkranken können Sie über die gesetzliche Rentenversicherung eine medizinische Rehabilitation beantragen, mit dem Ziel die Erwerbsfähigkeit wieder herzustellen oder zu verbessern. Diese Leistungen können ambulant oder stationär erbracht werden und der Betroffene (Versicherte) spricht dies in der Regel mit seinem behandelnden Arzt ab. Auch der Betriebsarzt kann dabei unterstützend wirken. Die medizinische Rehabilitation muss beantragt werden, die Antragsformulare können online heruntergeladen werden.

Der Vorteil z.B. einer stationären Maßnahme ist, dass die Menschen sich außerhalb ihres eigenen Systems befinden. Ohne die Belastungen und alltäglichen Probleme können sich Betroffene ganz auf sich und ihre Bedürfnisse konzentrieren. Sport, Entspannungsübungen und therapeutische Gespräche helfen, neue Strategien zur Bewältigung der Probleme zu entwickeln und neue Lösungsstrategien zu entdecken. Auch wenn nicht alle Menschen gesund bzw. arbeitsfähig aus der medizinischen Reha-Maßnahme zurückkehren, so ist bei vielen doch zumindest eine leichte Stabilisierung erfolgt. Weitere Informationen unter www.deutsche-rentenversicherung.de

5.3.2 Leistungen zur Teilhabe am Arbeitsleben (LTA Leistungen)

Damit Menschen mit (psychischen) Erkrankungen am Arbeitsleben dauerhaft teilhaben können, benötigen sie teilweise noch weitere Hilfe und Unterstützung. Die gesetzliche Grundlage der sogenannten LTA-Leistungen der Rehabilitationsträger sind in **§ 49 SGB IX** geregelt.

> *Zur Teilhabe am Arbeitsleben werden die erforderlichen Leistungen erbracht, um die Erwerbsfähigkeit von Menschen mit Behinderung oder von Behinderung bedrohter Menschen entsprechend ihrer Leistungsfähigkeit zu erhalten, zu verbessern, herzustellen, wiederherzustellen und ihre Teilhabe am Arbeitsleben möglichst auf Dauer zu sichern.*

Eine Unterstützung können zum Beispiel technische Arbeitshilfen sein, es handelt sich dabei nicht um die übliche Arbeitsplatzausstattung, die der Arbeitgeber zu finanzieren hat, sondern geht darüber hinaus. Es umfasst in der Regel Hilfsmittel bzw. Geräte, die behinderungsbedingte Nachteile ausgleichen und individuell auf die Bedürfnisse des Betroffenen abgestimmt sind. In der Regel wird der Betroffene auch Eigentümer der technischen Arbeitshilfe. Seelische Erkrankungen lassen sich meistens nicht direkt durch diese Art der Hilfe unterstützen. Es gibt jedoch eine große Anzahl an chronisch körperlich erkrankten Menschen, die z.B. auch an einer Depression erkrankt sind und die durchaus mit einer technischen Arbeitshilfe Besserung erfahren.

Des Weiteren können auch Maßnahmen zur beruflichen Anpassung oder Weiterqualifizierung finanziert werden, wenn dadurch die Erwerbsfähigkeit erhalten werden kann. Eine gute Möglichkeit, wenn der betroffene Mitarbeiter an seinem bisherigen Arbeitsplatz nicht mehr behinderungsbedingt arbeiten kann, mit einer Maßnahme aber so weiterqualifiziert wird, dass er z.B. bei seinem alten Arbeitgeber an einem anderen Arbeitsplatz eingesetzt werden kann. Auch Hilfe zur seelischen Stabilisierung und zur Förderung der sozialen Fähigkeiten (vgl. § 49 SGB IX) können über die LTA-Leistungen gewährt werden. Für diese Art der Maßnahmen gibt es regional unterschiedliche Träger, die verschiedene Angebote vorhalten.

Für Menschen mit seelischen Erkrankungen, die phasenweise oder auch dauerhaft nicht mehr am Arbeitsleben teilhaben können, sind auch die **Berufstrainingszentren** (BTZ) eine gute Alternative. Diese bieten die Möglichkeit in gezielten Trainingsmaßnahmen sich wieder an Tagesstrukturen zu gewöhnen, die eigene Belastungs- und Leistungsfähigkeit in arbeitsmarktähnlichen Bedingungen zu erproben und sich trotzdem in einem geschützten Rahmen zu bewegen. Viele BTZ bieten auch eine Sprechstunde an, in der man sich als Betroffener und Arbeitgeber umfassend informieren kann. Eine Übersicht über die Möglichkeiten und die bundesweiten Standorte findet man unter www.bag-btz.de.

Grundsätzlich sollten Betroffene jedoch auch wissen, dass ein Antrag auf medizinische Rehabilitation oder auf Leistungen zur Teilhabe am Arbeitsleben auch als Antrag auf Rente gilt. Wenn kein Erfolg dieser Maßnahmen zu erwarten ist bzw. verschiedene erbrachte Leistungen nicht den gewünschten Effekt, nämlich weitere Verminderung der Erwerbsfähigkeit, erbracht haben (vgl. § 116 SGB VI).

5.4 Leistungen des Integrationsamtes

Das Integrationsamt zählt nicht zu den Rehabilitationsträgern und die gewährten Leistungen werden nachrangig gewährt. Es ist der zentrale Ansprechpartner, wenn es um die berufliche Teilhabe von schwerbehinderten und gleichgestellten Menschen geht. Dabei unterstützt es sowohl die Arbeitnehmer, als auch die Interessenvertretungen und die Arbeitgeber. Ziel ist die Eingliederung von schwerbehinderten Menschen in den allgemeinen Arbeitsmarkt und die dauerhafte Sicherung dieser Beschäftigungsverhältnisse.

Im Rahmen der sogenannten **begleitenden Hilfen** stehen verschiedene Instrumente zur Verfügung. Die gesetzliche Grundlage findet sich im § 185 SGB IX, in dem die Aufgaben des Integrationsamtes geregelt sind. Dort heißt es in Abs. 2:

*(2) Die **begleitende Hilfe** im Arbeitsleben wird in enger Zusammenarbeit mit der Bundesagentur für Arbeit und den übrigen Rehabilitationsträgern durchgeführt. Sie soll dahingehend wirken, dass die schwerbehinderten Menschen in ihrer sozialen Stellung nicht absinken, auf Arbeitsplätzen beschäftigt werden, auf denen sie ihre Fähigkeiten und Kenntnisse voll verwerten und weiterentwickeln können sowie durch Leistungen der Rehabilitationsträger und Maßnahmen der Arbeitgeber befähigt werden, sich am Arbeitsplatz und im Wettbewerb mit nichtbehinderten Menschen zu behaupten.*

Bei schwerbehinderten Menschen kann auch das Integrationsamt Kostenträger von technischen Arbeitshilfen sein (s.o.). Für Mitarbeiter mit einer psychischen Erkrankung kann auch ein sogenanntes Jobcoaching hilfreich sein. Dabei wird ein erfahrener Jobcoach ein betriebliches Arbeitstraining mit dem Betroffenen durchführen. Arbeitsabläufe können so individuell neu trainiert und eingeübt werden. Ein **Jobcoaching** kann z.B. im Rahmen einer stufenweisen Wiedereingliederung, einer innerbetrieblichen Umsetzung oder ähnlichem zur Stabilisierung des Beschäftigungsverhältnisses eingesetzt werden. Auch einzelne Qualifizierungsmaßnahmen zur Erweiterung der beruflichen Kenntnisse sind unter bestimmten Voraussetzungen förderbar (vgl LVR 2018).

5.5 Der Integrationsfachdienst

Der Integrationsfachdienst (IFD) ist ein zentraler Ansprechpartner für (schwer-) behinderte Beschäftigte und deren Arbeitgeber zum Thema Behinderung und Arbeitsplatz.. Die Definition und Beschreibung der Zielgruppe sind in § 192 SGB IX zu finden. Es handelt sich dabei um Anlaufstellen, die (schwer-)behinderte Menschen bei der Teilhabe am Arbeitsleben unterstützen. Gerade für Menschen mit einer seelischen Erkrankung ist jedoch die Hemmschwelle einen Grad der Behinderung zu beantragen sehr hoch, viele fürchten das Stigma, welches vermeintlich damit verbunden ist. Deshalb kann der IFD bei psychisch erkrankten Menschen auch ohne diesen Status tätig werden.

§ 192 Abs. 4 SGB IX

(4) Der Integrationsfachdienst kann im Rahmen der Aufgabenstellung nach Absatz 1 auch zur beruflichen Eingliederung von behinderten Menschen, die nicht schwerbehindert sind, tätig werden. Hierbei wird den besonderen Bedürfnissen seelisch behinderter oder von einer seelischen Behinderung bedrohter Menschen Rechnung getragen.

Der IFD kann betroffene Mitarbeiter in vielerlei Art Unterstützung und Hilfe bieten. Zunächst steht er als externer Gesprächspartner zur Verfügung und kann im Rahmen der psychosozialen Begleitung dem Mitarbeiter in der für ihn schwierigen Arbeitssituation zur Seite stehen. Für viele Betroffene ist es sehr hilfreich, die eigenen Handlungsstrategien oder die auftretenden Probleme im Betrieb mit Vorgesetzten und oder Kollegen mit jemand Drittes zu besprechen. In vielen Regionen arbeiten die IFD behinderungsspezifisch, d.h. die zuständigen Mitarbeiter verfügen über entsprechendes Fachwissen zu den jeweiligen Behinderungsarten bzw. Erkrankungen. Sie wissen auch, was für Menschen mit einer seelischen Erkrankung notwendig und wichtig ist. Gemeinsam mit den Betroffenen reflektieren sie die aktuelle Situation, filtern psychische Belastungen im Arbeits- und Privatleben heraus und erarbeiten gemeinsam Lösungsstrategien, die für alle Beteiligten tragbar sind. Auf Wunsch des Betroffenen auch zusammen mit dem Arbeitgeber.

Der IFD ist somit ein wichtiger externer Partner im Rahmen des betrieblichen Eingliederungsmanagements. In einigen Fällen kann der IFD somit auch das Sprachrohr des Betroffenen zum Betrieb sein. Gerade dort, wo sich vielleicht schon Fronten verhärtet haben. Wenn der betroffene Mitarbeiter das wünscht, kann der IFD auch im Team, Kollegen oder Vorgesetzte über Art der Behinderung und vor allem über die damit verbundenen Einflüsse auf das Arbeitsverhalten aufklären (siehe auch Kapitel 9 Umgang mit Erkrankung). Der

IFD kann im Rahmen einer stufenweisen Wiedereingliederung den Prozess begleiten und als Ansprechpartner zur Verfügung stehen. Die Finanzierung der IFD erfolgt über die Integrationsämter und Rehabilitationsträger und die Beratung ist somit für Betroffene und deren Arbeitgeber kostenlos. Der zuständige IFD kann über www.bih.de (Bundesarbeitsgemeinschaft der Integrationsämter und Träger der sozialen Entschädigung BIH) unter Angabe der jeweiligen Postleitzahl des Arbeitsortes gefunden werden.

5.6 Ergänzende unabhängige Teilhabeberatung (EUTB®)

Im Rahmen der Novellierung des SGB IX mit dem neuen Bundesteilhabegesetzt wurde auch die Schaffung von sogenannten ergänzenden unabhängigen Teilhabeberatungsstellen (EUTB®) gesetzlich in § 32 SGB IX festgelegt. Diese neue Art der Beratungsstelle soll flächendeckend die Selbstbestimmung von Menschen mit Behinderung stärken und vor Beantragung von Leistungen, unabhängig von Interessen von Leistungsträgern und Leistungsanbietern, Menschen beraten und informieren. Für seelisch erkrankte Mitarbeiter könnte die EUTB® eine gute Anlaufstelle sein, um zu prüfen, welche Leistungen zur Teilhabe am Arbeitsleben eventuell in Frage kommen bzw. welche anderen Beratungsstellen noch weiter unterstützen könnten. Gerade für langzeiterkrankte Menschen, die noch keinen Grad der Behinderung haben, vielleicht noch keine medizinische Rehabilitation durchlaufen haben und nicht so genau wissen, wie es weitergehen kann, ist die EUTB® sehr hilfreich. Ein wesentlicher Schwerpunkt ist die peer-Beratung, d.h. in vielen EUTB® beraten Betroffene andere Betroffene. Eine Beratung auf Augenhöhe aufgrund ähnlich gemachter Erfahrungen, z.B. im Bereich der Diskriminierung, ist somit möglich. Über die jeweilig zuständige EUTB® können sich Interessierte über www.teilhabeberatung.de informieren.

6. Hilfe und Unterstützung für Arbeitgeber

Das Thema psychisch erkrankte Mitarbeiter im Betrieb ist für viele Arbeitgeber ein sehr schwieriges und auch mit einigen Unsicherheiten verbunden. Dies ist zum Teil durchaus verständlich. Ein Hauptbestandteil eines Arbeitsvertrages ist, dass für die erbrachte Leistung eine sogenannte Vergütung gezahlt wird. Doch wenn ein Mitarbeiter aufgrund einer seelischen Erkrankung arbeitsunfähig ist, fällt nicht nur die erforderliche Leistung weg, sondern häufig muss auch noch nach Ersatz gesucht werden. Somit kann es nur im Interesse des Arbeitgebers sein, dass die AU-Zeiten so gering wie möglich ausfallen.

Im Übrigen auch ein Vorteil für betroffene Mitarbeiter, denn man ist dann ja auch in seiner Freizeit gesünder und leistungsfähiger. Viele Arbeitgeber stellen sich die Frage, ob der Mitarbeiter überhaupt noch einsetzbar ist. Trotz einer seelischen Erkrankung kann der Mitarbeiter durchaus weiterhin arbeits- und leistungsfähig sein. Dies ist vergleichbar mit anderen somatischen Erkrankungen, die Diagnose Rheuma heißt ja auch nicht zwangsläufig erwerbsunfähig. Es kommt immer auf die individuelle Ausprägung der Erkrankung an, wie und wo ein weiterer Einsatz sinnvoll ist. Viele seelisch erkrankte Menschen erbringen die gleiche Arbeitsleistung wie ihre Kollegen. Um Arbeitgebern die Beschäftigung von psychisch erkrankten Menschen zu erleichtern, gibt es auch für das Unternehmen Hilfe und Unterstützung, um mögliche Belastungen zu reduzieren.

6.1 Leistungen des Integrationsamt

Das Integrationsamt fördert die Arbeitsverhältnisse von schwerbehinderten und gleichgestellten Menschen und ist auch Ansprechpartner für die jeweiligen Arbeitgeber. Unter bestimmten Voraussetzungen gewährt es finanzielle Mittel, um das Beschäftigungsverhältnis zu sichern. So kann sich das Integrationsamt an den Investitionskosten zur Schaffung eines neuen Arbeitsplatzes zum Erhalt eines Beschäftigungsverhältnisses beteiligen, wenn dadurch eine krankheitsbedingte Kündigung abwendbar ist. Voraussetzung ist u.a., dass der betroffenen Mitarbeiter behinderungsbedingt seine ursprüngliche Tätigkeit nicht mehr ausüben kann. (Vgl. LVR Broschüre 2021). Auch eine Beteiligung an der behinderungsgerechten Gestaltung des Arbeitsplatzes kann möglich sein.

Menschen mit einer (seelischen) oder anderen chronischen Erkrankung, die nach längerer Arbeitsunfähigkeit wieder zurück an ihren Arbeitsplatz kehren, sind manchmal in ihrer Leistungs- und Konzentrationsfähigkeit verändert.

Nebenwirkung von Medikamenten oder auch einfach als Symptom einer depressiven Erkrankung können die Merkfähigkeit, die Auffassungsgabe oder auch die motorischen Fähigkeiten verändern. Dies wirkt sich natürlich auch am Arbeitsplatz aus. Das kann sich unter anderem darin ausdrücken, dass der betroffene Mitarbeiter regelmäßig am Tag die Hilfe von einem anderen Beschäftigten benötigt, um seine arbeitsvertragliche Leistung zu erbringen. So könnte der Kollege regelmäßig 1 bis 2 Stunden am Tag, den psychisch erkrankten Kollegen helfen, seine Arbeitsaufgaben zu strukturieren oder mit ihm gemeinsam nochmal die Arbeitsergebnisse überprüfen. In dieser Zeit muss der helfende Kollege seine eigene Arbeit vernachlässigen und dieser Umstand stellt eine besondere Problematik dar.

Um diese außergewöhnliche Belastung auszugleichen, kann der Arbeitgeber eine sogenannte **„personelle Unterstützung"** beantragen. Er erhält einen finanziellen Ausgleich, der sich an dem Bruttolohn der jeweiligen Betreuungskollegen und der Höhe des entsprechenden Stundenaufwandes richtet.

Ein weiteres Instrument ist der sogenannte **„Beschäftigungssicherungszuschuss"**, früher einmal Minderleistungsausgleich genannt. Auch hier geht es darum die außergewöhnliche Belastung für den Arbeitgeber zu minimieren. Dieser finanzielle Zuschuss wird gewährt, wenn der schwerbehinderte oder gleichgestellte Mitarbeiter aufgrund seiner Behinderung dauerhaft nachweisbar weniger Leistung erbringt als seine auf vergleichbar tätigen Arbeitsplätzen arbeitenden Kollegen. Dabei kann die fehlende Leistungskapazität 30%, 40% oder maximal 50% betragen. Bei einem Anteil über 50% stellt sich die Frage, ob der Betroffenen überhaupt noch für den entsprechenden Arbeitsplatz geeignet ist. Die Höhe des finanziellen Zuschusses richtet sich nach dem Umfang der Leistungseinschränkung und der Höhe des jeweiligen Gehaltes. In der Regel wird nach Antragsstellung der Integrationsfachdienst eingeschaltet, um die Gegebenheiten vor Ort zu überprüfen und zu einer Entscheidung zu gelangen. In einigen Fällen kann auch eine ergotherapeutische Maßnahme bzw. ein Arbeitstraining Abhilfe schaffen. Arbeitgeber sind gut beraten, sich vor Ort von dem zuständigen Integrationsamt, der örtlichen Fachstelle für behinderte Menschen im Arbeitsleben (NRW) oder auch von dem jeweiligen Integrationsfachdienst informieren zu lassen.

6.2 Leistungen der Rehabilitationsträger

Auch die Rehabilitationsträger können Arbeitgeber von Menschen mit seelischen Erkrankungen unterstützen. Zu den Möglichkeiten zählen z.B. Eingliederungszuschüsse zum Arbeitsentgelt, einen finanziellen Zuschuss für Arbeitshilfen im Betrieb oder auch die behinderungsgerechte Einrichtung des Arbeitsplatzes, wenn nicht der Arbeitgeber selbst verpflichtet ist diese zu übernehmen.

Um Arbeitgeber grundsätzlich stärker zu unterstützen hat die **Deutsche Rentenversicherung** einen **Firmenservice** im Angebot. Dabei stehen verschiedene Beratungsschwerpunkte im Fokus. Zum einen der Bereich Rente und Vorsorge, so können vor Ort Infoveranstaltungen zum Thema Rente durchgeführt werden, um den Arbeitgeber aber auch die Beschäftigten umfassend aufzuklären. Auch bei psychisch erkrankten Mitarbeitern kann das Thema Rente eine Option sein, z.B. die Beantragung einen Teilerwerbsminderungsrente. Gut, wenn es zu diesen Themen mal eine Beratung im Betrieb gibt. Des Weiteren bietet der Firmenservice Unterstützung rund um das Thema „gesunde Beschäftigte“, darunter fallen auch die psychisch erkrankten Mitarbeiter, die sich im Betrieblichen Eingliederungsmanagement befinden. Der Firmenservice bietet in der Regel keine Einzelfallbegleitung an, kann aber als Wegweiser und Unterstützer durchaus genutzt werden. Arbeitgeber können unter firmenservice.drv.info die entsprechenden Kontaktdaten finden.

6.3 Unterstützung durch den Integrationsfachdienst (IFD)

Der Integrationsfachdienst ist im Kapitel 5.4 bereits ausführlich beschrieben als psychosoziale Beratungsstelle für (schwer-)behinderte Arbeitnehmer. Der IFD ist jedoch auch Ansprechpartner für Arbeitgeber, um im Einzelfall Unterstützung und Information bei der Beschäftigung von psychisch erkrankten Mitarbeitern zu bieten. Im Rahmen des Betrieblichen Eingliederungsmanagement, aber auch schon vorher, kann der IFD der geeignete Ansprechpartner sein, um über mögliche Maßnahmen und Hilfeleistungen Externer zu informieren, über Auswirkungen von Erkrankungen hinzuweisen, die stufenweise Wiedereingliederung zu begleiten, Krisenintervention zu betreiben, oder auch nur als regelmäßiger Gesprächspartner beiden Seiten zur Verfügung zu stehen.

Es hat sich in vielen Fällen als sehr hilfreich herausgestellt, wenn der IFD in Gesprächen von betroffenen Arbeitnehmern und dem jeweiligen Arbeitgeber oder seiner Vertreter anwesend ist. Er nimmt in der Regel eine vermittelnde

Position ein und kann in einigen Fällen zur Deeskalation beitragen. Vor allem kann er dem Arbeitgeber deutlich machen, dass viele Verhaltensweisen des betroffenen Mitarbeiters kein „nicht-wollen", sondern einen Teil der Erkrankung darstellen. Auf der anderen Seite kann er aber auch den jeweiligen Arbeitnehmern deutlich machen, dass z.B. das BEM kein Wunschkonzert darstellt, der Arbeitnehmer seinen Teil dazu beitragen sollte und auch eine arbeitsvertraglich vereinbarte Leistung schuldet.

Ziel des Integrationsfachdienstes ist die Sicherung des Beschäftigungsverhältnisses, in der Regel kann er jedoch nicht den ganzen BEM-Prozess gestalten. Der zuständigen IFD kann über www.bih.de unter Angabe der jeweiligen Postleitzahl des Arbeitsortes gefunden werden.

7. Bundesweite Information und Hilfe

Der Bundesverband der Angehörigen psychisch Kranker (BApK) hat, unterstützt von der Techniker Krankenkasse, ein bundesweites telefonisches Angebot zur Selbsthilfeberatung ausgebaut, das sogenannte SeeleFon. Dort haben Betroffene, Angehörige, aber auch Personen aus dem Betrieb die Möglichkeit sich erste Informationen zur Hilfe und Unterstützung einzuholen.

Dieses Angebot ist deshalb so wichtig, weil psychische Erkrankungen immer noch stark tabuisiert werden und es viele Menschen vor Fragen stellt und auch mit erheblichen Ängsten verbunden ist. Nicht nur bei Betroffenen, die gerade erst die Diagnose erhalten haben. Ferner ist auch das Umfeld in der Regel zunächst mit der Situation völlig überfordert. Hier setzt das Angebot des BApK an, um Betroffenen und deren Angehörigen die Möglichkeit zu bieten, sich ersten Rat zu holen. Ganz bequem telefonisch oder per E-Mail und auch anonym.

SeeleFon Tel: 0228 71 00 24 24 oder seelefon@bapk.de

Die **Stiftung Deutsche Depressionshilfe** hat in Kooperation mit der Deutsche Bahn Stiftung das deutschlandweite Info-Telefon eingerichtet. Dort kann man kostenfrei Informationen über die Erkrankung Depression bekommen. Darüber hinaus gibt es regional Bündnisse gegen Depression, in denen sich verschiedene lokale Akteure und Beratungsstellen zusammengeschlossen haben, um Aufklärung zu betreiben. Über die Bündnisse vor Ort kann man sich auch über die jeweiligen Hilfsangebote informieren:

Telefon: 0800 33 44 533 oder weitere Informationen unter www.deutsche-depressionshilfe.de

Tag und Nacht erreichbar ist die Telefonseelsorge, die zunächst offen ist für alle Problemthemen. Unter der bundesweit einheitlichen Telefonnummer 0800 11 10 111 oder 0800 11 10 222 sind Mitarbeitende ansprechbar für Menschen in Krisensituationen u.a.auch am Arbeitsplatz. Eine Beratung ist auch online unter online.telefonseelsorge.de möglich.

8. Maßnahmen im BEM für psychisch erkrankte Mitarbeiter

Das Ziel eines Betrieblichen Eingliederungsmanagements gemäß § 167 Abs. 2 SGB IX sollte die Verkürzung der aktuellen Arbeitsunfähigkeitszeiten und das Vorbeugen erneuter Arbeitsunfähigkeit sein, dazu soll nach geeigneten Lösungen und Maßnahmen gesucht werden. Wie bereits erwähnt sind die Probleme von psychisch erkrankten Mitarbeitern häufig komplexer und nicht einfach mit technischen Arbeitsmitteln zu beheben. Doch auch in diesen Fällen gibt es Möglichkeiten, vielleicht muss hier aber noch individueller gesucht werden.

Zunächst macht es Sinn, falls bisher noch nicht geschehen, sich den Arbeitsplatz des Betroffenen im Rahmen einer **Gefährdungsbeurteilung** anzusehen. Im Rahmen dieser gesetzlichen Pflicht des Arbeitgebers nach §5 Arbeitsschutzgesetz müssen auch die psychischen Belastungen erfasst werden. Dabei werden psychische Belastungen gemäß der Norm EN ISO 10075 als „die Gesamtheit aller erfassbaren Einflüsse, die von außen auf den Menschen zukommen und psychisch auf ihn einwirken" definiert. Sie müssen also nicht per se negativ sein, wie das Wort Belastung in unserem normalen Sprachgebrauch vermuten lässt. Es ist in diesem Zusammenhang eher neutral, die Auswirkungen dieser Einflüsse sind jedoch individuell verschieden und können deshalb bei dem einen Mitarbeiter zu einem Problem führen und bei einem anderen (noch) nicht.

Die Einflüsse können dann eingeteilt werden in die Bereiche Arbeitsaufgabe, Arbeitsumgebung, Arbeitsorganisation, Arbeitsmittel und Arbeitsplatz. Dabei können Rückschlüsse auf die psychische Beanspruchung des Betroffenen gestellt werden und auch Schlussfolgerung bezüglich der bereits vorhandenen oder noch zu erwartenden Beeinträchtigungen. Auch äußere Reize am Arbeitsplatz durch Lärm, ungünstige Licht und/oder Klimaverhältnisse können sich negativ auf die Arbeitsfähigkeit von psychisch erkrankten Menschen auswirken und können möglicherweise verändert werden (vgl. BAUA 2010).

Bei der Minderung von psychischen Belastungen werden in der Regel zwei Arten von Prävention analysiert, die **Verhaltens- und Verhältnisprävention.** Letztere legt den Fokus auf den Arbeitsplatz, d.h. es wird nach negativen Einflüssen am Arbeitsplatz des Betroffenen gesucht. Die Verhaltensprävention hingegen konzentriert sich auf den jeweiligen Mitarbeiter. Bringt er entsprechende Ressourcen mit, um den Einflüssen am Arbeitsplatz gerecht zu werden oder benötigt er noch entsprechende Unterstützung. Diese Maßnahmen zielen dann immer ganz individuell auf den bzw. die Mitarbeiter und können Seminare zum Stressmanagement, Nichtraucherkurse, Rückenschule, ein Achtsamkeitstraining oder ähnliches umfassen. Sinnvoll ist es, wenn sowohl die Verhaltens-, als auch die Verhältnisprävention im Rahmen der betrieblichen Gesundheitsförderung betrachtet werden.

Das klassische Instrument, welches vielen als Synonym für das BEM gilt, ist die **Stufenweise Wiedereingliederung**, auch Hamburger Modell genannt. Die stufenweise Wiedereingliederung ist unter anderem in § 74 SGB V geregelt.

> *Können arbeitsunfähige Versicherte nach ärztlicher Feststellung ihre bisherige Tätigkeit teilweise verrichten und können sie durch eine stufenweise Wiederaufnahme ihrer Tätigkeit voraussichtlich besser wieder in das Erwerbsleben eingegliedert werden, soll der Arzt auf der Bescheinigung über die Arbeitsunfähigkeit Art und Umfang der möglichen Tätigkeiten angeben und dabei in geeigneten Fällen die Stellungnahme des Betriebsarztes oder mit Zustimmung der Krankenkasse die Stellungnahme des Medizinischen Dienstes einholen.*

Ziel der Stufenweisen Wiedereingliederung ist das Erkennen der eigenen Belastungsfähigkeit und langsames Heranführen an die Leistungsfähigkeit. Gerade für Menschen mit einer psychischen Erkrankung macht die langsame Heranführung an regelmäßige Tagesstruktur und die Wiederaufnahme der bisherigen Tätigkeit Sinn. Ein zu schneller Einstieg mit vollem Stundenumfang führt bei manch Genesendem zu erneuter Überbelastung. Die stufenweise Wiedereingliederung sollte sinnvoller Weise am alten Arbeitsplatz erfolgen und nicht an einer anderen Stelle, denn es geht ja um die Erprobung. Es ist zu beachten, dass die betreffende Person noch arbeitsunfähig ist und zusätzlich eingesetzt wird. Somit müssen keine anderen Dienstpläne großartig verändert werden, sondern der Mitarbeiter kommt einfach dazu.

Während der stufenweisen Wiedereingliederung ist der Betroffene weiterhin arbeitsunfähig und bezieht noch Krankengeld durch die Krankenkasse oder Übergangsgeld durch den Rehabilitationsträger. Auch nach der Aussteuerung im Arbeitslosengeld I Bezug ist eine stufenweise Weidereingliederung möglich, sie wird dann mit dem behandelnden Arzt und auch der Agentur für Arbeit abgesprochen. (vgl. **BAG** Az. B 11a AL 31/06 R vom 21.11.2007)

Die Dauer der jeweiligen Maßnahme hängt von den individuellen Voraussetzungen und dem gesundheitlichen Zustand des Mitarbeiters ab. Ein Zeitraum von 6 Wochen bis zu 6 Monaten ist möglich. In dem Wiedereingliederungsplan, in dem auch die zeitlichen Abstufungen der Arbeitszeit und der voraussichtlichen vollen Arbeitsfähigkeit festgehalten werden, sollten auch betriebliche Bedingungen bzw. die Anfahrtswege mit berücksichtigt werden.

Wenn ein Arbeitnehmer bereits einen 1,5 Stunden Anfahrtsweg mit dem PKW zurücklegen muss, so stellt das für die meisten auch eine Stressbelastung dar und sollte daher mit einbezogen werden. Neben der Abfolge und der Dauer der einzelnen Belastungsstufen, sollte auch vermerkt werden, welche Tätigkeiten noch nicht wieder aufgenommen werden dürfen.

Die stufenweise Wiedereingliederung wird in der Regel durch den Arzt oder die Krankenkasse angeregt, aber es macht durchaus Sinn, dieses Thema frühzeitig mit dem Betroffenen und eventuell dem Betriebsarzt im Rahmen des BEM zu erörtern. Die Maßnahme ist jedoch freiwillig, d.h. der Mitarbeiter kann es auch ablehnen. Es gibt viele Arbeitgeber, die dieses Instrument sehr schätzen. Nicht nur, weil sie einen „kostenlosen“ Mitarbeiter stundenweise einsetzen können, sondern weil sie vom Nutzen dieses Instruments überzeugt sind. Es gibt jedoch auch Unternehmen, die eine stufenweise Wiedereingliederung aus organisatorischen oder anderen Gründen ablehnen. Allerdings haben schwerbehinderte Mitarbeiter einen Rechtsanspruch auf die stufenweise Wiedereingliederung. Die gesetzliche Grundlage findet sich in § 164 Absatz 4 Satz 1 SGB IX (vgl. **BAG**, 9 AZR 229/05 vom 13.06.2006).

Aber auch bei nicht schwerbehinderten Beschäftigten kann der Arbeitgeber nicht einfach so ablehnen, denn dies würde letztendlich dem Grundgedanken des BEM gemäß § 167 Absatz 2 wiedersprechen (vgl. **LAG Hamm**, Urteil vom 04.07.2011, 8 Sa 726/11).

Wenn sich während der Maßnahmen herausstellt, dass der Betroffenen doch noch nicht wieder so belastbar ist, wird sie einfach abgebrochen. Der Betroffene bleibt weiter arbeitsunfähig. Ein späterer Versuch ist durchaus möglich, immer in Absprache mit dem behandelnden Arzt und dem jeweiligen Betriebsarzt und dem Arbeitgeber.

Die stufenweise Wiedereingliederung ist als Maßnahme im Rahmen des betrieblichen Eingliederungsmanagements eine häufig eingesetzte und auch in vielen Fällen erfolgreich.

Das Betriebliche Eingliederungsmanagement besteht jedoch nicht nur aus dem voran genannten Instrument. Es gibt noch viele individuelle Möglichkeiten, um psychischen erkrankten Beschäftigten die Rückkehr an ihren Arbeitsplatz zu erleichtern bzw. die Bedingungen so zu gestalten, dass sie dauerhaft ihrer Tätigkeit nachgehen können. Natürlich immer im Rahmen der betrieblichen Möglichkeiten.

Für Menschen mit einer depressiven Erkrankung, die häufig unter einem Morgentief leiden und morgens große Anlaufschwierigkeiten haben, kann ein **späterer Arbeitsbeginn** eine große Hilfe darstellen. Die praktische Erfahrung in Betrieben zeigt, dass dies sehr häufig möglich ist. In einigen Fällen hat auch ein Tag **Homeoffice** einen großen Erfolg gebracht. Der Mitarbeiter kann von zuhause arbeiten, es entfällt der Anfahrtsweg und der Druck ist morgens nicht so groß. Die Mittagspause kann effektiver und zu einer wirklichen Ruhephase genutzt werden. Während der Corona-Pandemie hat sich gezeigt, dass das mobile Arbeiten in vielen Arbeitsbereichen sehr gut funktioniert. Somit kann es auch als eine Maßnahme im BEM umgesetzt werden, um die Stressbelastung durch Anfahrtsweg weiter zu minimieren.

Auch eine **Veränderung der Arbeitsinhalte** kann bei einem psychisch erkrankten Mitarbeiter eine positive Wirkung haben. Dazu zählt, z.B. die Verringerung von telefonischen oder persönlichen Kundenkontakten, die bisher als zu stressig empfunden wurden. Das funktioniert natürlich nicht in allen Fällen. So kann einer Verkäuferin mit einer Panikstörung in einem Einzelhandelsunternehmen, deren Hauptbestandteil ihrer Tätigkeit der Verkauf und das Kassieren von Waren ist, nicht völlig der Kundenkontakt genommen werden. Vielleicht ist das Unternehmen aber so groß, dass es durchaus Alternativen gibt, über die man nachdenken könnte. Eine aktive Beteiligung des Mitarbeiters an diesem Prozess ist wünschenswert.

In Großraumbüros oder Büros, die sich ein paar Mitarbeiter teilen müssen, gibt es immer wieder die Diskussionen über den Wunsch nach **Einzelarbeitsplätzen.** Wo es möglich ist, stellt es durchaus eine gute Maßnahme im BEM dar. Aber auch die Ausstattung mit entsprechenden schalldichten Kopfhörern/ Headsets in Callcentern, kann erhebliche Entlastung bringen und den Stress durch die lauten Umgebungsgeräusche stark minimieren. Was für den einen Mitarbeiter vorteilhaft, ist für den anderen nicht geeignet. So kann auch ein Wechsel des Teams schon Abhilfe bringen. Gerade für psychisch erkrankte Menschen spielt das Betriebsklima und das „sich wohlfühlen mit den Kollegen" eine wichtigere Rolle.

Um die Erholungszeit zur Regeneration zu erhöhen, kann auch über eine **Reduzierung der Arbeitszeit** nachgedacht werden. In vielen Fällen wird vorschnell abgelehnt, mit dem Hinweis auf finanzielle Einbußen. Natürlich muss der Mitarbeiter es sich leisten können. Es stellt sich jedoch auch die Frage, was Menschen die eigene Gesundheit Wert ist. Manchmal macht es Sinn, sich eine stundenweise Reduzierung der Arbeitszeit einmal ausrechnen zu lassen. Sofern dies auch zu den betrieblichen Gegebenheiten passt. Gesundheitliche Gründen können jedoch ein guter Aspekt sein, über Teilzeitarbeit nachzudenken bzw. dieses Thema im Rahmen des Betrieblichen Eingliederungsmanagements anzusprechen. Das Recht auf Teilzeitarbeit ist in § 8 TzBfG geregelt.

Vielfach wird in Unternehmen auch der **Abbau alter Urlaubsansprüche** nach langer Zeit der Arbeitsunfähigkeit als langsamer Einstieg gewählt. Dabei wird bei z.B. bei noch 20 Tagen für die nächsten 20 Wochen eine 4-Tages-Woche geplant. Häufig wird dann mittwochs oder freitags frei genommen, um die Arbeitswoche zu verkürzen und die Regenerationszeit zu verlängern.

Die wenigsten betroffenen Mitarbeiter kommen nach einer längeren Arbeitsunfähigkeit aufgrund einer psychischen Erkrankung wieder zurück und knüpfen wieder dort an, wo sie zuletzt standen. Dies bedeutet nicht, dass sie immer leistungsschwächer sind. In der Regel wird nach Ausbruch einer psychischen Erkrankung auch deutlich, dass es nicht so weitergehen kann wie bisher, dass man etwas ändern muss. Sich auch eingestehen, dass man anders mit seinen Kräften haushalten muss und nicht ständig über die eigenen Grenzen gehen kann. In der Arbeit mit psychisch erkrankten Menschen spielt daher das Thema Abgrenzung eine ganz entscheidende Rolle. Zu erkennen, dass nicht alle gestellten Erwartungen, ob beruflich oder privat, erfüllbar sind. Das Nein-Sagen üben, wenn der Vorgesetzte oder Kollege die typische „Kannst Du mal eben...?“ Frage stellt. Es geht darum bei sich zu bleiben und gerade in der Anfangszeit nach der Rückkehr offen mit dem Vorgesetzten und/oder Kollegen zu kommunizieren, um für alle Beteiligten Klarheit zu schaffen. Diagnosen müssen dabei nicht thematisiert werden.

Um die möglichen Versagensängste der Mitarbeiter zu minimieren, sollte der BEM-Berater regelmäßige Gespräche über einen festgelegten Zeitraum mit dem Betroffenen führen. Falls gewünscht auch gemeinsam mit dem Vorgesetzen, um über mögliche Bedenken und Probleme zu sprechen, sowie die erreichten Ziele und Erfolge hervorzuheben. Diese zeitnahe Rückmeldung gibt dem Mitarbeiter Sicherheit bzw. er bekommt von außen eine Rückmeldung bezüglich seiner Leistungsfähigkeit. Klar umrissene Arbeitsgebiete, transparente Arbeitsabläufe und deutliche Zuständigkeiten sind hilfreich, generell für alle Mitarbeiter. Für psychisch erkrankte Mitarbeiter sind sie nicht nur hilfreich, sondern in der Regel notwendig. Nach einer längeren krankheitsbedingten Abwesenheit aus dem Unternehmen ist ein langsamer Einstieg zu empfehlen, keiner sollte den Anspruch haben, der Mitarbeiter könnte sofort dort anknüpfen, wo er vor seiner Arbeitsunfähigkeit aufgehört hat.

Alle betrieblichen Akteure, die in der Kommunikation mit psychisch erkrankten Mitarbeitern sind, sollten sich immer vor Augen halten: es erfordert von den Betroffenen eine hohe Anpassungsleistung, sich mit der „neuen“ Diagnose und den damit verbundenen Folgen zu arrangieren. Die Akzeptanz der eigenen Erkrankung und die möglichweise damit verbundenen Leistungs- und sonstigen Einschränkungen müssen schmerzhaft realisiert und verarbeitet werden. Dabei spielt im betrieblichen Alltag die Reflexion und das ständige Abgleichen von Selbst-und Fremdwahrnehmung eine entscheidende Rolle. Gemeinsam mit dem Betroffenen können so mögliche Alternativen im Betrieb oder eine der genannten Maßnahmen umgesetzt werden.

9. Der Umgang mit der Erkrankung im Betrieb

Maria D. ist 45 Jahre alt und arbeitet seit 10 Jahren in einer großen Wäscherei. Die Firma hat 50 Angestellte und wäscht die Wäsche für mehrere Krankenhäuser und Altenheime in der Region. Maria D. ist seit 4 Jahren in erster Linie an der großen Mangel eingesetzt, die insgesamt von 4 Kollegen bedient wird. Um die Bettwäsche, Laken und andere Textilien optimal zu mangeln, müssen auch alle 4 Kollegen an ihrem Platz sein. Es bedarf somit auch einer ständigen Absprache, wenn ein Kollege den Arbeitsplatz verlassen muss. Der Umgangston ist rau, aber auch herzlich. Maria D. leidet seit 5 Jahren unter wiederkehrenden Depressionen und einer Zwangsstörung, seit einem Jahr ist sie in psychotherapeutischer Behandlung und medikamentös eingestellt. Der Therapeut hat auf die Möglichkeit eines Schwerbehindertenausweises hingewiesen. Das lehnt die Patientin entrüstet ab, sie sei schließlich nicht behindert.

Maria D. hat eigentlich in all den Jahren ein gutes Verhältnis zu ihren Kollegen, private Kontakte gibt es jedoch nicht. Im Unternehmen ist ihre Erkrankung nicht bekannt. Nach vielen kurzen Arbeitsunfähigkeitszeiten von jeweils 2-5 Tagen in den zurückliegenden zwölf Monaten, einige ohne Arbeitsunfähigkeitsbescheinigung, erreicht sie die Kriterien des Betrieblichen Eingliederungsmanagements (BEM) gemäß § 167 Abs. 2 SGB IX und wird von der Geschäftsführerin schriftlich zu einem Gespräch eingeladen. Zeitgleich gibt es Auseinandersetzungen mit den Kollegen, die ihre häufiger werdenden Abwesenheitszeiten an der Mangel, nicht sehr nett kommentieren. Maria D. verlässt mit steigender Tendenz ca. 7-mal am Tag die Mangel, um zur Toilette zu gehen. Dort bleibt sie auch mindestens 5 bis 10 Minuten, sehr zum Leidwesen der Kollegen, die in dieser Zeit ihre Arbeit nicht mehr entsprechend verrichten können. Sie gehen davon aus, dass Maria D. sich dadurch zusätzliche Pausen verschafft und mit ihrem Handy spielt. Sie ahnen nicht, welchem Druck Maria D. ausgesetzt ist, um ihren Waschzwang nachzugehen. Die Kollegen wenden sich an die Geschäftsführerin, nachdem mehrere deutliche Hinweise an Maria D. keinen Erfolg brachten. Frau D. reagiert nach den Vorwürfen der Kollegen psychosomatisch und meldet sich wieder krank. Eine Eskalation ist vorprogrammiert. Doch wie können solche Situationen vermieden werden? Grundsätzlich stellt sich die Frage, wie wollen Betroffene mit ihrer Erkrankung umgehen? Sollen anderer Menschen, auch im Betrieb, von der Erkrankung wissen? Wenn ja, wieviele? Und warum überhaupt? Ist es notwendig, dass Diagnosen bekannt sind?

Aus Sicht der Autorin gibt es keine eindeutige und auch keine einfache Antwort auf diese Frage. Auch wenn vielen Lesern diese Aussage vielleicht zu schwammig erscheint: es kommt immer individuell auf den Einzelfall an. Es kann keine allgemeingültige Lösung geben.

Im Rahmen des BEM, aber auch unabhängig davon müssen Mitarbeiter ihrem Arbeitgeber keine Diagnosen mitteilen. Auch der Betriebsarzt gibt keine Diagnosen an den Arbeitgeber weiter, sondern prüft lediglich die Einsatzfähigkeit bzw. die aktuelle Eignung und kommuniziert lediglich das mit dem Arbeitgeber.

Wenn die eigene Erkrankung oder Behinderung nach außen nicht als solche erkennbar ist, jedoch Auswirkungen auf die eigene Leistungsfähigkeit hat oder dazu führt, dass der Betroffene sich in seiner Persönlichkeit verändert, sollte über eine Offenlegung nachgedacht werden. Zumindest im engsten Kollegenkreis kann eine kurze Erläuterung erfolgen, damit die Kollegen Verständnis entwickeln können. Eine gesetzliche Verpflichtung eine (Schwer-) Behinderung dem Arbeitgeber zu melden, gibt es nicht. Außer natürlich, wenn die Ausführung der arbeitsvertraglich geregelten Tätigkeiten nicht mehr oder nur noch sehr eingeschränkt möglich sind. Unterstützend kann dabei auch der Integrationsfachdienst sein, um angemessene Informationen zu geben. Alles in allem bedarf dieses sensible Thema auch einen angemessenen und respektvollen Umgang, um für alle Beteiligten eine akzeptable Lösung zu finden.

Literaturverzeichnis

Albustin, Thorsten: Leben zwischen Fußball und Wahnsinn. Die Angst besiegen. Manuela Kinzel Verlag, 2017

Althoff u.a.: BEM von A bis Z, Rieder Verlag, 2023

Bleuler, Manfred: Schizophrenie als besondere Entwicklung. In Dörner (HG):Neue Praxis braucht neue Theorie. Gütersloh, Jakob von Hoddis, 1987

BAUA: Psychische Belastung und Beanspruchung im Berufsleben. Erkennen –Gestalten, 2010

Dachverband Gemeindepsychiatrie, Barmer GEK: Psychische Erkrankung am Arbeitsplatz. Eine Handlungsleitlinie für Führungskräfte, 2014

DIN EN ISO 10075, Ergonomische Grundlagen bezüglich psychischen Arbeitsbelastungen

LVR Broschüre: Leistungen zur Teilhabe am Arbeits- und Berufsleben und Nachteilsausgleiche für (schwer-)behinderte Menschen, 2021

Nitsch-Kirsch, Monika: Psychische Erkrankungen im betrieblichen Alltag, Rieder Verlag, 2013

Lütz, Manfred: Irre.Wir behandeln die Falschen. Unser Problem sind die Normalen. Random House, 2009

Waltner, Peter: Kollegen und Mitarbeiter professionell beraten, Rieder Verlag, 2016

Stichwortverzeichnis